Mit Selbstrespekt durchs Leben!

Für Wolfgang Wendlandt, weil es zum Kaffee in Berlin wohl doch nicht kommt.
© Anja Mannhard

Bibliografische Information der Deutschen Nationalbibliothek
Die Deutsche Nationalbibliothek verzeichnet diese Publikation in der Deutschen Nationalbibliografie; detaillierte bibliografische Daten sind im Internet über https://www.dnb.de abrufbar.

Satz und Gestaltung: Heidi Berglandt
Druck: BoD - Books on Demand, Norderstedt

www.anjalingua.de

ISBN 978-3-96824-014-5

www.parodos.de

Mit Selbstrespekt durchs Leben!

Wie Sie durch Selbstrespekt und Selbstachtung
berufliche und persönliche Chancen ergreifen

Anja Mannhard

PARODOS

Inhaltsverzeichnis

Einführung

Selbstrespekt, Selbstachtung, Selbstvertrauen, Selbstsicherheit, Selbstfürsorge, Selbstbehauptung, Selbstliebe, Selbstwirksamkeit, Selbstbild, Selbstwert, Selbsterkenntnis, Selbstverantwortung und Selbstakzeptanz stehen in einer Verbindung, aber auch für sich alleine. Diese Aspekte des Selbst richten sich unterschiedlich aus, aber sie unterstützen sich auch gegenseitig, und manche bedingen sich sogar. Wer über Selbstachtung verfügt, bestimmt seinen Wert selbst. Wer sich achtet, kennt sich und seine Stärken wie Schwachstellen und kann sich (dennoch) gut leiden. Das Handeln steht in Übereinstimmung mit den eigenen Wünschen und Zielen. Gefühle der Zufriedenheit, des Stolzes und Glücks treten im (Arbeits-)Leben häufiger auf als die von Frustration, Ärger und Unzufriedenheit. Letztere werden angenommen und integriert und wir hören darauf, was sie uns zu sagen haben. Sie können Wegweiser für wichtige Veränderungen sein. Auch in turbulenten Zeiten mehr auf die eigene Stimme denn auf die anderer zu hören, selbstsicher den eigenen Weg von einer Vielzahl an Wegen und Richtungen zu finden und zu gehen, sicher Entscheidungen zu treffen, auch wenn sich erst später herausstellen wird, ob sie richtig waren, zeugt von Selbstsicherheit wie Selbstvertrauen und davon, dass man Selbstverantwortung für sein (Arbeits-)Leben übernimmt. Wer bei Benachteiligung und respektlosem Verhalten standhaft bleibt und sich wie seine Rechte konstruktiv behauptet, verfügt über Selbstrespekt. Dieser zeigt sich nicht darin, dass man davon überzeugt ist, mehr Rechte als andere zu haben, sondern darin, dass man sich gleichberechtigt gegenüber anderen sieht und wahrnimmt. Man vertritt die eigenen Interessen in angemessener Weise und drückt sie nicht aggressiv durch.

Selbstbehauptung, gespeist von Selbstrespekt, ist wichtig für das eigene Wohlbefinden. Wir grenzen uns ab, wenn wir etwas nicht möchten, wir sagen unsere Meinung, auch wenn sie von anderen abweicht, und wir schweigen und leiden nicht still, sondern nehmen unangemessenes Verhalten und Ungerechtigkeit nicht einfach hin. Hier kommt auch unsere Selbstfürsorge ins Spiel, denn durch sie nehmen wir uns achtsam wahr, setzen wirkungsvoll Grenzen, kümmern uns um unser Wohlbefinden und stärken damit unsere Selbstwirksamkeit und ein positives Selbstwertgefühl. Selbstachtung und Selbstrespekt begründen sich zunächst in unseren Erfahrungen und bilden sich im Laufe unseres Lebens aus. Es ist nachvollziehbar, dass Kinder, die mit geringem Respekt behandelt werden, erst einmal über weniger Selbstachtung und Selbstrespekt verfügen. Deshalb ist es eine wichtige Aufgabe in der Erziehung und Bildung von Kindern und Jugendlichen durch Eltern und pädagogische Fachkräfte im Kindergarten und der Schule, ihnen Respekterfahrungen zu ermöglichen. Die gute Nachricht ist, dass wir Selbstachtung und Selbstrespekt auch nach ungünstigen Erfahrungen und Prägungen der Kindheit und Jugend noch entwickeln können. Zum einen können hierbei Veränderungen von außen angestoßen werden, indem wir uns gezielt Menschen und ein privates wie berufliches Umfeld suchen, das uns Respekt entgegenbringt. Zum anderen können wir selbst dafür sorgen, an der Wahrnehmung von Gleichwertigkeit zu arbeiten und damit unsere Selbstachtung und unseren Selbstrespekt zu entwickeln und zu pflegen.

Selbstrespekt ist nicht falsch zu verstehen im Sinne von »So bin ich halt!«. Wer ein starres Selbstbild hat, ist weniger als mit einem dynamischen in der Lage, die eigenen Marotten, Einstellungen und Verhaltensweisen zu verändern, wenn sinnvoll und vielleicht sogar nötig. Ein flexibles Selbstbild ermöglicht, Neues zu lernen, sich weiterzuentwickeln, mutiger und weniger kränkbar zu sein. Wir glauben, dass es sich lohnt, uns anzustrengen, und statt »So bin ich halt« fragen wir, was wir tun müssen, um eine bestimmte Fähigkeit zu erlernen. Mit einer solchen Einstellung sind wir im (Arbeits-)Leben erfolgreicher. Zu echtem Selbstrespekt kommen wir also besser, wenn wir uns bewusst sind, dass wir ohne konkretes Handeln kein (Arbeits-)Leben nach unseren Vorstellungen führen können. Wir können uns nicht in der Theorie vorstellen, wie wir gerne wären und was wir gerne hätten, denn die konkrete Praxis und die Ergebnisse verhelfen zum Selbstrespekt. Mit dem dazu gehörenden Selbstbild gehen auch unser Selbstwert, unsere diesbezüglichen Bewertungen und unser Lebensentwurf einher. Der Supervisor Wolfgang Hein sieht eine starke Beziehung von Selbstachtung, Selbstrespekt und der eigenen Würde. Mit Selbstrespekt lassen wir nicht zu, dass andere unwürdig mit uns umgehen. Wir machen uns nicht kleiner oder verhalten uns unterwürfig, sondern sind uns unseres Wertes auf unprätentiöse Weise bewusst. Laut Hein sind die Selbstachtung und der Selbstrespekt ein starker Resilienzbaustein, denn wir sind dann tendenziell gefeit gegen Mobbing, einseitige Ausbeutung oder andere unwürdige Behandlungen. Bei diesem Supervisor haben die Analyse untauglicher Vorgesetzter und ihrer Motivation ebenso zur Herausbildung seiner Haltung sich selbst und anderen gegenüber beigetragen, wie dass er Menschen, die über echten Selbstrespekt verfügen, im beruflichen Kontext von Fort- und Weiterbildungen erlebt hat. Hein setzt bei einem Menschen mit Selbstachtung und Selbstrespekt das Bewusstsein durch Selbstreflexion voraus. Dazu gehört eben auch die Auseinandersetzung mit den eigenen Schwächen und blinden Flecken. Und es gehören die tatsächlichen Erfahrungen dazu, um sich seiner selbst bewusst zu sein.

Sind Sie auf der Suche nach mehr Zufriedenheit oder gar Glück im (Arbeits-)Leben? Kennen Sie die verschiedenen Formen, die Ihr persönliches Glück ausmacht? Kennen Sie Ihr Selbst, oder haben Sie es verlegt wie ein Spielzeug aus Kindertagen? Wie kann es sein, dass Ihnen an manchen Tagen das Glück Schritt für Schritt folgt, während es an anderen spurlos verschwunden zu sein scheint? Irgendwie scheint das Glück zu machen, was es will, oder ...? Ihnen geht es gut? Das geht vorbei. Ihnen geht es schlecht? Das geht vorbei. Was bleibt, ist herauszufinden, was die persönliche Speerspitze Ihres

(Arbeits-)Lebens ist, und wie Sie dort das leben können, was Sie ausmacht. Wir vergessen manchmal, dass wir gut genug sind, wie wir sind. Wir lassen uns drängen von der Erwartung an stete Selbstoptimierung im Beruf und nach noch mehr Sollen, Müssen, Richtigmachen. Wir müssen uns klein machen, um in solche Schubladen zu passen. Was trägt und erfüllt Sie jenseits von vermeintlichem Richtig und Falsch? Wir alle brauchen neben unseren Talenten und einem fördernden Umfeld auch das Quäntchen Glück im (Arbeits-)Leben. Dem Wunder leise wie einem Vogel die Hand hinhalten will die Lyrikerin Hilde Domin. Manchmal erreicht uns das Glück und wir möchten es mit anderen teilen. Ein anderes Mal haben wir es aus den Augen verloren. Wir wissen dann nicht, ob das an uns selbst und unserer Einstellung, an falschen Entscheidungen oder fehlendem proaktiven Handeln, an den anderen um uns herum, oder weil die Anforderungen nicht mehr zu uns passen, liegt. Wir können versuchen, dem Glück in der Welt vor allem im Außen nachzujagen, oder wir fangen zunächst erst einmal bei uns selbst an, um es (wieder) zu finden. Mit Selbstachtung und Selbstrespekt wollen wir nicht mehr jedem gefallen und wir suchen Bestätigung und Erfüllung auch nicht nur in den äußeren Umständen. Wollen Sie es wagen, nicht alle Erwartungen zu erfüllen?

Zu manchen Zeiten scheint zu viel der Zufriedenheit und dem Glück im (Arbeits-)Leben im Weg zu stehen. Dann greifen wir tief in die Werkzeugkiste unserer individuellen Fähigkeiten und üben uns in Geduld und Zuversicht. Wir vertrauen darauf, dass wir unser Glück schon wieder erreichen werden, zum Beispiel in dem wir ein bestimmtes Ziel konsequent verfolgen. Wir sind aber immer mehr als unsere Ziele. Die Basis unseres Seins ist unsere Selbstachtung und der Selbstrespekt. Manchmal liegt das Glück mitten auf unserem eigenen Weg, wenn wir ihn kennen, ihm folgen und schauen, wohin er uns führt. Das Glück sieht dann vielleicht etwas anders aus, als wir es uns vorgestellt hatten. Aber es kann uns neue Chancen aufzeigen, um das zu tun, was wir lieben.

Die Welt kommt uns entgegen, je mehr wir uns selbst entgegenkommen. Es geht dabei nicht mehr nur darum, einem Ziel nach dem nächsten nachzujagen, sondern in unser Gegenwärtiges zurückzufinden. Echte Seinsqualität im Leben ist kein Ziel, sondern unser natürlicher und selbstwirksamer Zustand. Leben wir diese Dimension, finden das Wesentliche und die Erfolge unseres (Arbeits-)Lebens oft ganz von selbst zu uns.

1. Mit Selbstachtung und Selbstrespekt

Es ist nicht nur möglich, sondern auch wichtig, sich selbst zu achten. Sprechen Sie einmal im beruflichen oder persönlichen Umfeld über Selbstachtung, und Sie werden sehen, dass das Thema viele Menschen interessiert und anspricht. Sich selbst anzuerkennen und wertzuschätzen macht uns nicht nur unabhängiger vom Urteil und Willen anderer, sondern wir nehmen uns auch trotz mancher Mängel und dem ein oder anderen Fehlschlag ohne Einschränkungen an und sorgen für unser psychisches und seelisches Wohlbefinden. Eine gute Selbstachtung schützt uns zwar nicht vor dem ein oder anderen (Selbst-)Zweifel oder einem Leid, aber durchaus vor fehlendem Mut und Hoffnungslosigkeit. Sehen wir uns grundsätzlich positiv, bewahren wir eine innewohnende Kraft, die uns auch bei Schwierigkeiten vertrauensvoll in der Welt stehen lässt.

Laut André & Lelord setzt sich die Selbstachtung aus drei Zutaten zusammen: Selbstvertrauen, (positive) Sicht auf das eigene Ich und Selbstliebe (vgl. André & Lelord 2018, 13f). Rund um die Selbstachtung gibt es benachbarte Bereiche, die mit ihr in einer Verbindung stehen. Wer sich achtet, verfügt meistens auch über eine gute Zufriedenheit und Ausgeglichenheit und vertraut sich selbst. Daraus kann eine gute Selbstsicherheit und ein gesundes Selbstvertrauen resultieren. Sich selbst zu mögen oder gar zu lieben, ist eine wichtige Basis für ein positives Selbstbild, das durch Selbsterkenntnis gepflegt wird. Sich selbst zu bejahen und an sich zu glauben, sowie stolz auf sich zu sein, stärkt sowohl das Selbstwertgefühl als auch die Selbstachtung. Und wer viel von sich selbst hält, der wird sein Eigenes auch nach außen behaupten und sich abgrenzen wie durchsetzen, wenn nötig.

Stellen Sie sich rund um Ihre Selbstachtung folgenden Fragen:

- Kenne ich meine Stärken und Schwächen?
- Wozu bin ich fähig?
- Wo liegen meine Kompetenzen und Grenzen?
- Welche Werte sind mir wichtig?
- Läuft mein (Arbeits-)Leben nach meinen Wünschen?
- Stehe ich mit meinem Handeln in Einklang?
- Gibt es eine Kluft zwischen dem, wie ich sein möchte, und dem, wie ich bin?
- Bin ich mit mir selbst in Frieden?
- Kann ich stolz auf mich sein?

Selbstaufmerksamkeit und Selbstachtung

Eine bewusste und nicht urteilende Aufmerksamkeit für sich selbst kann helfen, dass wir unsere Ziele erreichen. Diese psychische Ressource versetzt uns in die Situation, Hindernisse auf dem Weg zur Zielerreichung realistisch einzuschätzen, indem wir diese überhaupt als solche wahrnehmen. Mit einer guten Selbstaufmerksamkeit achten wir auf uns, wir nehmen unsere Gedanken und Gefühle bewusst wahr und wir reflektieren unser Verhalten im Hinblick auf das Ziel. Eine gelungene Selbstaufmerksamkeit setzt eine Präsenz voraus, mit der wir offen und akzeptierend alles wahrnehmen, was uns umgibt. Auf dieser Grundlage können wir bewerten (und nicht urteilen), was unsere Ziele sind und wie weit wir von ihnen entfernt sind. So sind wir motiviert, gewisse Anstrengungen zur Zielerreichung zu unternehmen. Diese Aufmerksamkeit für sich selbst ist nicht mit Grübeln zu verwechseln, das ins Leere geht, denn sie verbessert eine Situation und setzt uns in Bewegung, Veränderungen für unser Vorankommen aktiv in die Wege zu leiten.

Beispiel

Verena wollte als Kind eine andere sein. Sie fand ihre Freundinnen viel klüger, schöner und kreativer als sich selbst. In der Schule schienen diese von den Lehrern mehr angesehen zu werden und nahmen die schüchterne, stille Verena gar nicht so wahr, obwohl sie genauso gute Leistungen zeigte. Die Jugendzeit erlebte Verena als Albtraum. Sie hatte viele Komplexe, die ihren Eltern nicht verständlich waren, denn sie sahen ihre Tochter als hübschen, liebenswerten und wertvollen Menschen an. Aus heutiger Sicht haben sich die Dinge für Verena verändert, aber immer noch ist sie erstaunt, wenn sie für besondere Leistungen im Beruf gelobt wird oder wenn andere ihr mitteilen, wie sehr sie sie mögen. So ganz kann sie nicht vertrauen, dass diese Einschätzungen aufrecht und ehrlich gemeint sind und fragt sich, ob sie oder die anderen einer Täuschung unterliegen?

Die Selbstachtung entsteht anfänglich in der Beziehung mit den nächsten Angehörigen und durch Erziehung. Wird ein Kind liebevoll umsorgt, erlebt es ein Angenommensein und Wohlgefühl, wodurch sich ein Urvertrauen entwickelt. Zwischen ein und zwei Jahren bildet sich das Ich-Bewusstsein aus, was daran bemerkbar ist, dass sich ein Kind zum Beispiel im Spiegel erkennt. Es wird jetzt agil, lernt Gehen und Sprechen und entwickelt durch die Bewältigung nahezu täglicher neuer Herausforderungen Selbstvertrauen. Jetzt eröffnen sich neue Handlungsräume und die Selbstwirksamkeit. Gute Eltern vermitteln dem Kind einerseits Geborgenheit, andererseits unterstützen sie dessen Erfahrungen, die seine Selbstständigkeit ermöglichen. Das so entwickelte Selbstwertgefühl und die Selbstachtung ist weitgehend unabhängig von äußeren Faktoren, sondern in sich stabil. Heißt nicht, dass solche Kinder später keine Selbstzweifel haben, aber sie nutzen sie konstruktiv für ihre Persönlichkeitsentwicklung. Gravierende Veränderungen können durchaus das Selbstwertgefühl ins Wanken bringen, aber mit guter Selbstachtung pendeln sich die Stimmungen nach einer Zeit wieder ein und sind ausgeglichen. Ist das Selbstwertgefühl aber von den Umständen oder anderen Menschen abhängig, wurde die Zuneigung und Unterstützung, die man als Kind erlebte, vielleicht an Bedingungen geknüpft. In Verenas Fall hilft es, hinter die Kulissen der fürsorglichen und freundlichen Eltern zu blicken. Diese haben ihr früh das Gefühl vermittelt, dass sie nur etwas wert ist, wenn sie viel leistet. Deshalb ist Verena heute unsicher, selbst bei positiven Rückmeldungen, ob sie das Lob wirklich verdient hat und ausreichend »gut« ist. Selbstzweifel werden von ihr nicht konstruktiv genutzt, sondern sie stellt sich immer wieder komplett als Person in Frage.

Ob das Elternhaus im positiven Sinne fürsorglich war oder nicht, können wir bei einer geringeren Selbstachtung später Korrekturen vornehmen, vor allem durch konkrete Erfahrungen, die Selbstzweifel besänftigen. So kann die erste große Liebe, eine erfolgreiche Ausbildung, ein interessanter Job oder auch ein herausfordernder Aufenthalt im Ausland neue Selbstwirksamkeitserfahrungen ermöglichen, die uns stärken. Neben solchen Ereignissen können Sie immer wieder Ihre Gedanken auf die Probe stellen. Sind Sie weniger wert, weil Sie einen Fehler gemacht haben? Wenn Sie vom Partner verlassen wurden: Wäre Ihr bester Freund weniger wert, wenn seine Freundin ihn verlassen hätte? Die Antwort auf solche Fragen lautet natürlich nein, und damit können Sie sich bewusstmachen, dass Ihr Wert nicht von äußeren Umständen abhängig ist und dadurch niemals in Frage steht. Unabhängig davon, ob Sie ein hohes oder geringes Selbstwertgefühl besitzen, ist Ihr Wert gleich. Anderenfalls wäre ja tatsächlich jeder Mensch, der sich minderwertig fühlt, weniger wert. Es ist tröstlich, dass wir im Laufe der Jahre einen immer stabileren Selbstrespekt und eine gute Selbstachtung entwickeln, und hier sind wir keinen so großen Schwankungen in unserer Wahrnehmung mehr ausgesetzt wie zum Beispiel in der Jugend oder im jungen Erwachsenenalter.

Das Älterwerden hat hierbei auch den Vorteil, dass wir uns im Hinblick auf unseren Selbstwert immer unabhängiger von anderen Menschen oder Umständen machen.

Selbstrespekt entwickeln und bewahren

Wer über einen gesunden Selbstrespekt verfügt, stellt sich weder über noch unter andere Menschen, sondern weiß, dass die eigene Würde genauso viel wert ist wie die der anderen. In Verbindung mit dem Selbstrespekt stehen ein gutes Selbstwertgefühl, ein sicheres Selbstvertrauen und persönliche Kompetenzen, derer man sich bewusst ist. Der Selbstrespekt fußt auf der Übereinstimmung, dass wir unseren Werten und Idealen gerecht werden und dass andere unsere Rechte achten. Es geht hierbei also stark um das, was wir für uns als wesentliche Standards entwickelt haben. Wichtig ist, dass wir den Respekt für uns selbst pflegen und nicht (nur) von anderen abhängig machen, um insbesondere dann, wenn diese unsere Rechte missachten, das innere Gleichgewicht selbstfürsorglich wieder herstellen zu können. Erst wenn wir über Selbstrespekt verfügen, können wir handeln, wenn wir unseren Standards nicht gerecht werden oder wenn andere gegen unsere Werte verstoßen. Bei den eigenen Kindern oder in der Arbeit mit Kindern ist es von großer Bedeutung, dass wir ihnen vorleben, Selbstrespekt zu erleben und Erfahrungen des gegenseitigen Respekts zu machen. Zudem sollten sie unabhängig ihres Geschlechts oder ihrer kulturellen und sozialen Herkunft zur Überzeugung gelangen, dass sie gleichberechtigt mit allen anderen Kindern sind.

Neben äußeren Gefahren der Verletzung des Selbstrespekts durch andere Menschen oder Umstände sind auch persönliche Gründe wie übersteigerte Ängste oder der Hang zu pessimistischem Denken Störungen für den inneren Seelenfrieden und die eigene Würde. Es ist hier schwerer, die eigenen Gefühle so zu regulieren, dass man sein inneres Gleichgewicht und Selbstvertrauen bewahren kann. Gelangen wir jedoch (wieder) zu dieser Kompetenz, übernehmen wir Selbstverantwortung. Eine Krise kann demnach neben der Gefahr auch eine Chance darstellen, weil wir uns durch die Druckerfahrung auf den Weg machen, uns selbst und eine Situation, in der wir stecken, besser zu verstehen. Gehen wir auf diesem Weg weiter, stellen wir durch Reflexion und Selbsterkenntnis unseren Selbstrespekt wieder her.

Eine angemessene Durchsetzung gegen die Umstände oder Menschen, die unseren Selbstrespekt verletzten, verschafft uns Gleichberechtigung, Würde und Respekt. Es geht weder darum, eine unangemessene Aggression auszuüben, noch sich zu stark unterzuordnen und anzupassen. Es geht vielmehr darum, mit angemessener Kommunikation und einer positiven Haltung für sich selbst und seine Werte einzutreten. Wenn wir unsererseits den Selbstrespekt eines anderen Menschen verletzt haben, gilt es, Fehler zuzugeben und sich um einen angemessenen Ausgleich zu bemühen. Die Gegenseitigkeit ist wichtig, bei der wir unserer Haltung Ausdruck verleihen und dies auch anderen zugestehen.

Tipp

- Äußern Sie sich bei Bedarf klar, deutlich, direkt und konsequent, sodass andere Sie ernst nehmen und wissen, was Ihnen wirklich wichtig ist.
- Auch innerhalb einer Hierarchie gilt das Prinzip des gegenseitigen Respekts.
- Vertrauen Sie Ihren Einschätzungen und Urteilen und treffen Sie (wichtige) Entscheidungen auf der Grundlage Ihrer persönlichen Werte.
- Regulieren Sie Ihre Gefühle, ohne andere zu beeinträchtigen, und stehen Sie für sich selbst ein.
- Kritisieren Sie Ihrerseits niemanden unfair, setzen niemanden unangemessen oder ungerechtfertigt unter Druck und verzichten auf Manipulationen.

Scheitern dürfen

Wir können unsere Selbstachtung auch bei einem Scheitern bewahren, wenn wir uns nicht zu sehr auf das Gelingen fixieren. Mit der Eventualität eines Misslingens zu rechnen, befreit vom ständigen Erwartungsdruck des Erfolgs. Wenn wir ehrlich mit uns selbst und anderen sind, müssen wir einräumen, dass es ein (Arbeits-)Leben ohne Misserfolg nicht gibt. Wir alle sind schon einmal gescheitert, und das sicher mehr als einmal. Es gibt nicht nur die kleinen und großen Erfolge, sondern auch die mehr oder weniger gewichtigen Niederlagen in unserer Biografie. Wenn wir dies bei uns selbst anerkennen und akzeptieren, sind wir vorsichtig mit Menschen, die uns bei einem Scheitern verurteilen, weil wir wissen, dass es auch bei ihnen kein rundum erfolgreiches (Arbeits-)Leben geben kann. Wir übernehmen deren negative Sicht auf uns nicht, sondern können sagen: »Ich freue mich nicht darüber, aber es wird wie das Glück kein Dauerzustand sein, es wird wieder anders weitergehen«.

Unser ganzes Dasein spielt sich in Polaritäten ab, denn wie es Licht und Schatten und Tag und Nacht gibt, wissen wir, dass es nach einem Hoch auch wieder ein Tief geben kann und umgekehrt. Wir können diese Gesetzmäßigkeiten nicht ausschalten, wir müssen uns mit ihnen konstruktiv auseinandersetzen. So gibt es auch kein perfektes (Arbeits-)Leben. Wir üben uns in Lebenskunst, wenn wir am Scheitern nicht scheitern, sondern einen Umgang mit dem Misslingen finden. Wir wachsen und entwickeln uns in der Regel nicht nur und vor allem nicht umfassend auf der Sonnenseite, sondern vielmehr an den schattigen Aspekten unseres Daseins. Es ist aussichtslos, diese Seiten nicht anzunehmen und zu integrieren, denn wenn wir gegen sie ankämpfen, tun wir uns im Leben schwer. Es ist ein Grundgesetz, das man nach einigen Lebensjahren begriffen hat, dass sowohl das Gelingen als auch

Misslingen Phasen unterliegt, und man meist nicht voraussagen kann, wann die eine beginnt und die andere endet. Und doch geschieht der Wechsel irgendwann. Wenn wir nur die positiven Seiten unseres (Arbeits-)Lebens sehen und haben möchten, reduzieren wir die Vielfalt und Lebendigkeit unseres Seins. Wir entwickeln dabei nicht selten eine gewisse Arroganz, reduzieren uns und andere auf den Erfolg, mindern unsere Selbstfürsorge und Empathie, und wir sind vor allem kein lernendes System, das flexibel und offen mit verändernden Prozessen umgeht. Je größer unsere Erwartung an einen Erfolg, umso tiefer der Absturz bei einem Misserfolg. Wenn wir uns nur noch am Gelingen orientieren, kratzt jedes noch so kleine Misslingen an unserer Selbstachtung und an unserem Selbstrespekt. Wer die Herausforderungen in schwierigen Phasen annimmt lernt, sich aus ihnen auch wieder herausarbeiten zu können. Und wofür tut er oder sie das? Damit wieder eine Phase des Gelingens eintreten kann. Ein lebendiges (Arbeits-)Leben braucht beide Pole, Vielfalt und Tiefe. Es braucht die konstruktive Auseinandersetzung mit der Welt und mit sich selbst.

Dazu verhelfen die folgenden Fragen:

- Was war mein Anteil an einer schwierigen Situation?
- Was ist daran falsch, und was wäre richtig gewesen?
- Worauf habe ich Einfluss, was kann ich verändern?
- Wie kann ich meine (Selbst-)Zweifel nutzen, um eine positive Entwicklung in Gang zu setzen?

Scheitern bringt uns weiter, manchmal mehr als der Erfolg. Wir setzen uns neue Ziele und sehen einen Sinn in der Situation. Wir testen offen neue Möglichkeiten und Nichtmöglichkeiten aus. Wir entfalten unser (Arbeits-)Leben.

Dazu Ja zu sagen, setzt kein umfassendes Gelingen voraus. Die Erfüllung ergibt sich aus den Erfahrungen, die wir machen, und an denen wir wachsen.

Tipp

- Konzentrieren Sie sich in schwierigen Phasen dennoch auf gute Momente. Teilen Sie sich anderen dazu mit und halten Sie Erinnerungen daran fest.
- Vergleichen Sie Ihre Situation mit weniger guten und nicht mit besseren.
- Leben Sie Freude und nehmen Sie sie sich nicht.
- Schärfen Sie Ihre Wahrnehmung für kleine Verbesserungen und beglückwünschen Sie sich dazu.
- Seien Sie dankbar für gute Momente.

Zu manchen Etappen in unserer Biografie kommen wir erst später, und zwar dann, wenn wir die Entfaltung unserer besonderen Talente auch dann noch für möglich halten. Vielleicht haben wir sie aus verschiedenen Gründen bislang noch gar nicht so entfaltet, dass sie uns zur Verfügung stehen. Vielleicht waren wir nicht am richtigen Ort oder sind auf dem Weg an einer Kreuzung falsch abgebogen. Mit einem späten Erblühen unseres Selbst sollten wir immer rechnen. Wir stärken damit unsere Selbstachtung und unseren Selbstrespekt, was uns die Chance gibt, unser Selbst überhaupt zu erkennen und richtig einzuschätzen. Hier hilft uns die Einstellung, dass unsere Entwicklung dem Takt folgt, der zu uns passt. Wir entfalten unsere Kreativität, die uns in innerem und äußerem Freiraum dahin führt, was wir wirklich machen möchten. Um (später) zu erblühen, müssen wir uns in einem fruchtbaren Umfeld bewegen. Wir müssen aber nicht immer unser ganzes bisheriges Leben hinter uns lassen, wenn wir uns verändern möchten, manchmal genügt auch eine kleinere Neuerung oder eine neue Sicht auf gewisse Dinge und Menschen. Wenn wir mit (Selbst-)Zweifeln konstruktiv umgehen möchten, sehen wir sie als Option, eigene Einstellungen, Fähigkeiten und (bisherige und künftige) Entscheidungen zu hinterfragen und Antworten und Lösungen zu finden. So sabotiert man sich nicht selbst und stellt sich keine unnötigen Hindernisse in den Weg. Wir sehen, dass wir uns bei Veränderungen gewissen Herausforderungen stellen müssen, und wir wissen, dass wir sie bewältigen können.

In schwierigen Lebensphasen brauchen wir inneren und äußeren Freiraum, um Hoffnung schöpfen zu können. Hoffnungsvoll überstehen wir Krisen leichter. Hier geht es aber nicht darum, alles im Sinne des Positiven Denkens schön zu denken. Wir nehmen die Situation mit all ihren Facetten an und ernst. Mit einer solchen Einstellung schaffen wir es, die Situation realistisch einzuschätzen und unseren Handlungsspielraum zu nutzen. Wir wissen, dass die Zukunft in jeder Situation noch offen ist und wir uns nicht in die Hoffnungslosigkeit stürzen (lassen). Wie wir auf die Dinge reagieren, liegt immer in unserer Hand. Mehr Handlungsspielraum entwickelt sich, wenn wir uns nicht auf bestimmte Ergebnisse fixieren, sondern darauf vertrauen, dass eine Situation ihren Sinn hat, auch wenn wir den nicht sofort erkennen können. Etwas annehmen bedeutet weder es gut zu heißen noch es einfach hinzunehmen und zu erdulden. Vielmehr integrieren wir die jeweilige Erfahrung in unser (Arbeits-)Leben. Mit Akzeptanz setzen wir eine positive Entwicklung in Gang und erkennen unsere Möglichkeiten. Mit Selbstverantwortung kommen wir in unsere Schöpfungskraft und erhöhen den Selbstrespekt, weil wir aktive Gestalter unseres (Arbeits-)Lebens sind. Wir üben uns in Selbstliebe, sind selbstbewusst und gehen achtsam und fürsorglich mit uns selbst um. So kommen wir auch in Krisen wieder in Bewegung und in die Welt hinein.

Tipp

- Beachten Sie Ihre Gedanken und filtern bewusst zuversichtliche, Mut machende und positive heraus.
- Verbünden Sie sich mit Menschen, die Ihnen guttun.
- Wenden Sie regelmäßig Ihren Blick nach innen und hören auf das, was Ihr Herz Ihnen sagt.
- Reduzieren Sie Einflüsse, die Ihnen schaden.
- Sammeln Sie Mut machende Schätze.

2. Mir selbst vertrauen

Für Ihren Selbstrespekt ist es wichtig, dass Sie sich selbst vertrauen können. Um aus einer inneren Mitte und Balance heraus im (Arbeits-)Leben zu agieren, sollten Sie Ihre Bedürfnisse, Fähigkeiten, Motivation und Schwachstellen genau kennen. Mit Akzeptanz der persönlichen Talente, Wünsche und Begrenzungen können Sie wirksam aus Ihrem Selbst heraus handeln. Akzeptanz ist kein Ersatz für Handeln, sondern die Basis für eine stimmige und sinnvolle Zielrichtung Ihres Gestaltungswillens, und schützt damit auch vor blindem Aktionismus. Ergründen Sie diese verschiedenen Ausrichtungen Ihrer Person und achten sie, auch wenn manche von ihnen Begrenzungen und Schwachstellen aufzeigen, sind diese erstens weniger schmerzlich, weil als zu Ihnen gehörend integriert. Zweitens geben Ihnen diese Erkenntnisse Informationen zu Situationen und dem, wie Sie sich darin erleben und wie Sie handeln. Sie sehen, dass diese Erfahrungen das (Arbeits-)Leben bunt machen und bereichern, und kommen durch diesen Prozess zu (mehr) Selbstvertrauen und Selbstrespekt. Sie können nun selbstwirksam entscheiden, was Sie tun und lassen möchten. Sie können jetzt weitermachen und weitergehen. In aller Ruhe.

Beispiel

Oliver hat seit einem guten Jahr das Gefühl, neben seinem Leben zu stehen und nicht mittendrin, wie es mit Mitte 40 eigentlich sein sollte. Jeden Sonntag denkt er bereits an den Montag mit einem unguten Gefühl, und ist es dann Montag, ärgert er sich, den Sonntag nicht richtig genossen zu haben. Am Montag erledigt er seine Aufgaben mit Mühe und ohne Freude, und ist frustriert, weil er sich am Sonntag nicht genug für die neue Arbeitswoche erholt hat. So kommt er in schlechter Stimmung bis zur Mitte der Woche, wo sich im Hinblick auf das bevorstehende

Wochenende seine Laune verbessert. In das stürzt er sich auch voller Freude, bis er am Sonntag wieder in Grübeleien zum bevorstehenden Montag versinkt …

Wenn wir uns selbst vertrauen, kann es Momente im (Arbeits-)Leben geben, an denen wir plötzlich erkennen: Es ist vorbei! Wir folgen dem nicht mehr zu unterdrückenden Wunsch, einen Ort zu verlassen und an einen anderen zu gehen, vielleicht mit dem unbestimmten, aber freudigen Gefühl der Wiedergeburt. Das sind keine verrückten Flausen, sondern es tritt etwas in unser Leben, das sich bereits innerlich länger vorbereitet hat. Wir sind uns in solchen Momenten bewusst geworden, was wir wirklich wollen und brauchen. Selten dürften wir solche Entscheidungen bereuen, denn sie kommen aus unserem Sein. Diese Impulse sind kostbar, und es ist bedauerlich, wenn wir sie ignorieren. Ein Ausweichen kann in die sinnlose Flucht unnützer Tätigkeiten, sich in Grübeleien und Illusionen verlieren, sich hinter falschen Gewissheiten und Urteilen verstecken, das eigene Bewusstsein wieder verschleiern, die Gefühle verdrängen münden. So stecken wir fest in einem unklaren Leiden, in einer allgemeinen Hoffnungslosigkeit und im Eindruck, dass es den richtigen Platz für uns nicht gibt. Auch solche Phasen gehen dann wieder vorüber, aber wir haben gar nicht begriffen, was sie uns eigentlich sagen wollten. Wir spüren, dass wir unsere Probleme nicht lösen und uns nicht auf den eigenen Weg machen.

Tipp

- Lernen Sie zu warten, bis sich deutlich innere Impulse regen. Es gibt nur gelebte Zeit und keine verlorene. Haben Sie Vertrauen in sich und Ihre Intuition.
- Seien Sie im Alltag aufmerksam, was Ihnen Ihre Stimmungen sagen wollen. Halten Sie immer wieder einmal inne.

- Gehorchen Sie weder dem eigenen Unbewussten blind noch den Urteilen anderer. Entscheiden Sie bewusst, mit welchen Impulsen Sie sich näher beschäftigen wollen.
- Genießen Sie immer mal wieder das Tempo der Langsamkeit und schauen, was Ihnen im Schneckentempo begegnet.
- Fragen Sie sich, worauf Sie wirklich (spontan) Lust haben.
- Nehmen Sie sich Zeit, um auf Fragen, die Sie sich selbst stellen oder andere an Sie, zu antworten. Betrachten Sie, was sich in dieser Zwischenzeit (in Ihnen) abspielt.
- Schalten Sie immer wieder vom Tun in Sein um, und genießen Sie auch einmal das Nichtstun. Das wird Ihrem Selbstrespekt gut tun!

Sich selbst zu vertrauen benötigt eine weitere wichtige Basis: Selbstmitgefühl und Empathie. Mit der Empathie tun sich manche Menschen leichter, aber gerade fehlendes Selbstmitgefühl ist die Ursache von Leid, denn anstatt der Selbstfürsorge bestrafen wir uns bei Problemen mit fehlender Selbstachtung zusätzlich. Selbstmitgefühl und Selbstachtung stehen mit dem Selbstrespekt in einer Verbindung. Können wir uns schwer selbst Trost spenden, kann das die Aggression gegen uns und negative Stimmungen verstärken. Den kleineren und größeren Attacken gegen sich selbst steht dann keine wirkungsvolle Barriere des Selbstmitgefühls entgegen, was zur Selbstentwertung führen kann. Solche Einstellungen sollten wir gut wahrnehmen, um sie zu verändern.

Man erkennt sie so:

- Die negativen Gedanken drängen sich auf.
- Wir bemerken sie gar nicht immer sofort, sondern erst wenn sie sich stark ausgebreitet haben.
- Sie drehen sich im Kreis und wiederholen sich.

- Anfang und Ende ist nicht erkennbar.
- Sie haben einen negativen Einfluss auf unsere Stimmung und unser Selbstvertrauen.

Selbstmitgefühl und ein gelassenes Selbstvertrauen bedingen sich. Es liegt auf der Hand, dass wir bei einem wohlwollenden Umgang mit uns selbst gelassener, ausgeglichener, zuversichtlicher und zufriedener sind. Selbstmitgefühl stärkt auch die Widerstandskraft bei Schwierigkeiten im (Arbeits-)Leben und die Resilienz, sodass wir uns nach solchen Zeiten wieder erholen und entweder in unsere ursprüngliche Kraft und Mitte zurückkommen, oder diese sogar noch gestärkt haben. Wenn wir verstehen, dass wir mit uns selbst zusammen und nicht gegen uns arbeiten sollten, hören wir damit auf, uns mit negativen Gedanken zu bedrängen, und wir lassen diese auch nicht von anderen zu. Das setzt unsere Selbstachtung, sollte sie angegriffen sein, wieder instand. Mit Selbstmitgefühl messen wir dem steten Streben nach Erfolgen auch nicht eine so hohe Bedeutung bei, sodass uns jeder Misserfolg aus der Bahn wirft. Wir haben eine gewisse Distanz zu den Urteilen und Werten der Menschen um uns herum und verfolgen vielmehr das, was für uns wirklich stimmt und zu uns passt. Christophe André meint, dass Selbstmitgefühl und Empathie die Gesellschaft besser werden lässt. Das Verlangen nach Dominanz und Distanzierung bzw. Differenzierung würde geringer, die Menschen begegneten sich mehr auf Augenhöhe. Die Perspektive sei eher die Ähnlichkeit und Zusammenarbeit der Menschen als Herrschaft und Konkurrenz. Vor allem betont André die Bedeutung des Selbstmitgefühls bei Verletzungen und Kränkungen, die aus seiner Sicht immer Liebes- und Bindungsenttäuschungen seien (vgl. André 2010, 370–371).

Sich selbst zu vertrauen, ist eine wichtige Grundlage für den Selbstrespekt. Mit Selbstvertrauen trauen wir uns manches oder gar vieles zu und sind bereit, uns in Bewegung zu setzen, um unsere Ziele zu erreichen und uns unsere Träume zu erfüllen.

Wer seinen eigenen Fähigkeiten vertraut, weiß, dass die Kraft und der Mut in einem selbst zu finden ist, sodass wir unsere Komfortzone verlassen und uns auf den Weg machen, Herausforderungen zu bestehen und uns weiterzuentwickeln. Gepaart mit unserer Lebenserfahrung stärken gerade schwierige Zeiten das eigene Vertrauen in die Welt und das Selbstvertrauen. Öffnen Sie die Augen dafür, was Sie in Ihrem (Arbeits-) Leben schon erreicht haben! Geben Sie sich dafür Anerkennung und Wertschätzung und stärken somit Ihren Selbstrespekt und Ihre Selbstachtung. Glauben Sie auch nach einem Scheitern an sich und nutzen die vorhandenen Energiequellen und Ressourcen, um weiterzumachen. Achten Sie auf die guten Dinge in sich selbst und in Ihrem (Arbeits-)Leben, machen Sie dafür Platz und fördern Sie deren Entfaltung. Geben Sie sich die Möglichkeit, Positives zu erleben, denn das stärkt den Glauben an sich.

Selbsttest: Vertraue ich mir?

Antworten Sie auf die folgenden Aussagen mit Ja, wenn Sie sie bestätigen, und mit Nein, wenn sie nicht auf Sie zutreffen.

- Ich wurde in meiner Kindheit von meinen Eltern unterstützt, an mich zu glauben.
- Ich konnte in meiner Kindheit und Jugend einige positive Erfahrungen im Hinblick auf meine Selbstwirksamkeit sammeln.
- Ich habe es immer wieder geschafft, Menschen für Freund- und Partnerschaften mit mir zu gewinnen.
- Ich erinnere mich mindestens an eine besondere Situation, die mir gezeigt hat, dass ich mir selbst vertraue.
- Ich messe mich an mir selbst und nicht an anderen.
- In der Regel hält das Leben, was ich mir von ihm verspreche.

- In der Regel erreiche ich meine Ziele.
- Ich konnte schon den ein oder anderen Traum Wirklichkeit werden lassen.
- Grübeleien dauern bei mir nicht lange, denn meistens finde ich durch Nachdenken bald eine Lösung.
- Ich kann die Dinge und Menschen häufiger nehmen, wie sie sind, und muss sie nicht ständig bewerten.
- Ich bin mir meiner Stärken und Schwächen bewusst.
- Ich habe mindestens eine tolle Sache erreicht, auf die ich stolz bin.
- Im Allgemeinen fühle ich mich selbstsicher, denn ich weiß, wer ich bin.
- Ich verfüge meistens über eine gute Motivation und einen eigenen Gestaltungswillen, und wenn ich erschöpft oder traurig bin, tue ich mir Gutes, sodass es mir bald besser geht.
- Ich kann mindestens drei positive Eigenschaften von mir nennen.

Auswertung: Je mehr Ja-Antworten Sie gegeben haben, umso besser ist es um Ihr Selbstvertrauen bestellt.

Konstruktive Selbstzweifel

Charles Pépin erzählt die Geschichte eines Mädchens, das mit der Unterstützung seines Vaters Fahrrad fahren lernt. Die Stützräder werden abgeschraubt, es steigt aufs Rad und prescht der Sonne entgegen los. Der Vater hält seine Tochter anfangs noch fest und rennt neben ihr her und ermutigt sie mit lauten Rufen, so weiter zu fahren. Er nimmt die Hand vom Sattel und das Mädchen fährt ohne Hilfe. Als es das merkt, kreischt es vor Freude und tritt noch kräftiger in die Pedale. Ganz offensichtlich: Es hat (Selbst-)Vertrauen. Laut Pépin schöpft das Mädchen sein Selbstvertrauen aus dem Vertrauen in den Vater, in die eigenen Fähigkeiten und durch die Freude, die es erlebt (vgl. Pépin 2019, 9f). Lernen Sie von Kindern! Als Erwachsene sind wir viel zu ängstlich und gehen nicht mal mehr kalkulierbare Risiken ein. Wir halten uns vor lauter Angst und Unsicherheit häufig an Gewohntem fest, selbst wenn uns das weder gefällt noch guttut. »Sich selbst vertrauen bedeutet, sich im Geist des Erwachsenen das Herz und die Seele eines Kindes zu bewahren (Pépin 2019,12).

Zum guten Selbstvertrauen gehört ein realistisches Selbstbild, das entworfen wird aus unseren Fähigkeiten, aber auch aus den eigenen Schwachstellen. Deshalb ist ein gesundes Maß an Selbstzweifeln sinnvoll, um sich wenn nötig, zu korrigieren oder zu erweitern, um uns und der Welt (nach einem Rückschritt oder Schicksalsschlag wieder) stabil vertrauen zu können. Selbstzweifel sind, wenn sie in uns aufkommen, eine Einladung zur Selbstreflexion. Etwas scheint zwischen unserem Ideal von uns selbst und der Realität nicht in einer Übereinstimmung zu sein. Konstruktiv genutzt fördern wir mit solchen Überlegungen und wenn nötig, auch Veränderungen, unsere Selbstachtung, unser Selbstvertrauen und unseren Selbstrespekt. Unterscheiden wir destruktive von konstruktiven Selbstzweifeln, bereiten wir uns auf künftige Situationen besser vor oder wir passen die Erwartungen an uns selbst angemessen an. Immer dann, wenn unsere Selbstzweifel uns in eine offene und lernende Haltung versetzen und nicht in die Selbstabwertung, sind sie konstruktiv. Destruktive Überlegungen stoßen keine Entwicklung und positive Veränderung an, sondern sie mindern die Selbstachtung und den Selbstrespekt. Oder wir entwickeln durch sie eine Selbstüberhöhung als Kompensation, was ebenfalls zu einer Verzerrung des Selbstbildes führt.

Gedanken, die negative Selbstzweifel befördern, können durch Sie selbst aktiv verändert werden. Sie erkennen sie an negativen Gefühlen, weil Sie sich zum eigenen Nachteil mit anderen vergleichen oder ständig um deren Anerkennung buhlen. Oder Sie interpretieren selbst harmlose Situationen zu Ihrem Nachteil und verstricken sich in unproduktiven Grübeleien, die ins Leere gehen. Was hilft stattdessen? An sich selbst glauben und sich selbst vertrauen! Glauben Sie an sich und Ihre Fähigkeiten. Ein gutes Selbstvertrauen fördert den Selbstrespekt und entscheidet über eine erfüllende Lebensqualität. Wer sich selbst vertraut, dürfte auch im Umgang mit dem Leben und anderen Menschen weitgehend zufrieden sein. Ein stabiles Selbstvertrauen ermöglicht, ein Stück weit unabhängig zu sein und mutig die eigenen Wünsche und Träume zu erfüllen. Deshalb: Lassen Sie destruktive Selbstzweifel hinter sich und denken nur noch in konstruktiver Weise über sich selbst nach. Sie sind gut, wie Sie sind, und Sie sind ausgestattet mit guten Fähigkeiten, um Ihr (Arbeits-)Leben zu leben.

Übung: Mein Selbstvertrauen stärken

Setzen Sie sich für einen von Ihnen bestimmten Zeitraum täglich ein paar Minuten bequem an einen schönen Platz und beenden Sie in Gedanken und möglichst auch schriftlich den folgenden Satz: »Wenn ich könnte, würde ich ...«. Wenn Sie den Eindruck haben, Ihre Ideen sind vollständig, fragen Sie sich, weshalb Sie diese Dinge noch nicht umgesetzt haben. Sollte fehlendes Selbstvertrauen der Grund sein, fragen Sie sich, wie Sie es schaffen könnten, sich in diesen konkreten Situationen mehr zuzutrauen. Dann entwerfen Sie für jede Situation die einzelnen Schritte, die Sie unternehmen müssten, um Ihr Ziel zu erreichen. Beziehen Sie hier auch Ihre Selbstzweifel mit ein, und wie Sie ihnen begegnen, sodass diese Sie auf Ihrem Weg nicht behindern.

Beispiel

Marion wird sich immer wieder bewusst, wie schwer es ihr fällt, nein zu sagen, wenn sie etwas ablehnt und nicht möchte. Ein guter Freund von ihr kann das problemlos, und er schafft es sogar, sein Nein gelassen und freundlich zu äußern. Andererseits stellt sie fest, dass er im Gegensatz zu Marion weniger Risiken und Wagnisse eingeht und von einer nebenberuflichen Tätigkeit träumt, während Marion diese bereits in die Realität umgesetzt hat.

Das Beispiel zeigt, dass Selbstzweifel individuell und ein Stück weit relativ sind. Wir haben sie in der einen Situation, während wir in einer anderen große Selbstsicherheit aufweisen. Unsere Selbstzweifel können auch schwanken, sodass wir zu Zeiten größerer Belastung mehr von ihnen aufweisen. Das ist ganz normal und gehört zur Reaktion unter Stress. Ist unser Selbstvertrauen an sich stabil, wird unser seelisches Immunsystem genügend Ressourcen haben, solche Zeiten auszugleichen. Der bisherige Weg zeigt, wozu wir in der Lage sind und über welche Fähigkeiten wir verfügen. Konstruktive Selbstzweifel und Selbstwertquellen, die uns zur Verfügung stehen, schenken uns Lebenskraft. Ohne dass wir allzu viel tun müssen, kommen wir immer mehr bei uns selbst an und spüren unser Inneres. Wir wissen, wofür unser Herz schlägt und was uns im (Arbeits-)Leben begeistert.

Schauen Sie einmal zurück auf Ihr bisheriges (Arbeits-)Leben:

- Welche Phasen oder Abschnitte haben zu positiven Entwicklungen geführt?
- Wann trafen Sie wichtige Entscheidungen?
- Wann haben Sie zentrale Schritte unternommen oder klare Worte gesprochen?

- Welche Veränderungen haben Sie damit bewirkt?
- Was hat Ihnen geholfen, diese Herausforderungen anzunehmen und zu gestalten?
- Welche Talente haben sich dadurch weiterentwickelt?
- Wie nutzen Sie diese heute?

Selbstvertrauen und Bindungsvertrauen

Selbstvertrauen und Selbstrespekt stehen in einem Zusammenhang, weil wir nicht mehr wie früher darauf vertrauen können, Respekt automatisch durch eine Position, Funktion oder Rolle zu erfahren. In früheren Gesellschaften hatte jeder seinen Platz aufgrund der Herkunft, des Einkommens und Bildungsniveaus seiner Familie, und die eigene Ausbildung und spätere Berufswahl war ein großes Stück weit vorauszusehen. Heute sind wir nicht ganz freie Wesen, aber deutlich mehr als früher. Unser Lebensweg ist nicht automatisch durch unsere Herkunft vorgezeichnet, sondern wir sind, wie es der Volksmund sagt, »unseres Glückes Schmied«. Zu einem großen Teil müssen wir unser Leben erfinden und gestalten, um unserer Lebensspur zu folgen. Dafür brauchen wir vor allem Selbstvertrauen. Die Lebensspur manch prominenter Person zeigt, dass wir nicht vertrauensvoll auf die Welt kommen, sondern es im Laufe unseres Lebens erst werden. »Selbstvertrauen ist immer eine Errungenschaft, die viel Mühe und Geduld erfordert. Und gelegentlich ist es der Anlass zu tiefer Freude, wenn etwas wirklich zu beherrschen darin gipfelt, dass wir loslassen können« (Pépin 2019, 14).

Unser Selbstvertrauen in der Kindheit und Jugend wird durch Bezugspersonen in oder außerhalb der Familie und durch Erzieher und Lehrer geprägt. Sie fördern es, indem sie uns etwas zutrauen und direkt oder indirekt motivieren, dass wir uns im

Hinblick auf unsere Fähigkeiten verbessern. Sie leisten Beistand, wenn wir mit etwas oder uns selbst kämpfen. Das Vertrauen, das sie in uns setzen, wird im Laufe der prägenden frühen Jahre zu unserem. Fehlen uns solche positiven Bezugspersonen und Vorbilder, kann eine unglückliche Verkettung entstehen, wie es die Therapeutin und Schriftstellerin Anne Dufourmantelle sieht, die bei Patienten mit zu wenig Selbstvertrauen festgestellt hat, dass es ihnen nicht an Selbstvertrauen in Bezug auf sich selbst mangelt. »Wenn sie den Worten ihrer Patienten lauscht und den Leiden, die sie auf der Couch in Worte zu fassen suchen, hört die Psychoanalytikerin in deren Angstgefühl vor allem eins heraus: ein mangelndes Vertrauen in die anderen, die katastrophale Folge einer von der kostbaren Selbstsicherheit abgeschnittenen Kindheit. Den Überlebenden solch unglücklicher Kindheiten hat es derart an Sicherheit und nahestehenden Menschen gefehlt, die fähig gewesen wären, ihnen zu vertrauen, dass sie nicht in der Lage sind, Selbstvertrauen zu fassen. Wenn Dufourmantelle also behauptet, dass es mangelndes Selbstvertrauen nicht gibt, sagt sie eigentlich, dass die Angst in Wirklichkeit eine Folge von mangelndem Vertrauen in die anderen ist. Selbstvertrauen und Bindungsvertrauen wären damit ein und dasselbe« (Pépin 2019, 33–34).

Zu solchen Bindungserfahrungen gehören unvermeidlich Bindungsenttäuschungen, sodass wir auf uns selbst angewiesen sind, um Selbstvertrauen zu entwickeln. Dies erfolgt über die Praxis und unser Können, somit sind das unsere ureigenen Fähigkeiten und Talente, die wir erproben und im Laufe der Jahre ausbauen. Die gute Nachricht ist sogleich, dass Vertrauen weniger angeboren, als zum größten Teil selbst erworben ist, also unserer Eigenleistung entspricht. Wenn wir daraus das Selbstvertrauen ableiten, lassen wir niemanden als uns selbst unseren Wert und unser Potenzial definieren. Mit einem solchen festen Punkt in uns selbst können wir nach Archimedes die Welt aus den Angeln heben. »Wir brauchen konkrete Erfahrungen, klare Fähigkeiten und reale Erfolge, um Vertrauen zu uns selbst zu fassen. Darum müssen wir unsere Erfolge feiern, und seien sie noch so unbedeutend: Sie sind Etappen auf dem Weg des vollen Selbstvertrauens. (…) Und eines Tages vertrauen wir uns selbst« (Pépin 2019, 48). Mit Selbstvertrauen haben wir bei unserem Tun Vergnügen und erleben Freude, weil es zu uns passt und wir uns dabei nicht verbiegen. Wir sind auf einem Weg unterwegs, der uns entspricht. Wir schätzen unsere Vorlieben und Fähigkeiten wie auch unsere Schwachstellen und Abneigungen realistisch ein. Insofern gehört die Selbsterkenntnis zum Selbstvertrauen. Mit Selbstvertrauen können wir Unvorhersehbares leichter annehmen und akzeptieren, und wir können einen Umgang mit neuen Situationen finden, die wir nicht geplant haben. Meistens nimmt das (Arbeits-)Leben ja nicht genau den Weg unserer Planung. Wir müssen uns nicht gegen Unwägbarkeiten versichern, sondern vertrauen darauf, dass wir die nötigen Ressourcen haben, um mit ihnen zu arbeiten und zu leben. Deshalb ist es so wichtig, dass wir uns bei der Entwicklung von Fähigkeiten daran orientieren, dass sie uns näher an uns selbst heranführen. »Eine andere zwingende Voraussetzung, um auf uns hören zu können, ist, sich nicht dem Diktat der Dringlichkeit zu unterwerfen. Wir alle kennen das: aus Zeitmangel, aus Angst zu spät zu kommen – in einer stressigen Situation handeln wir gehetzt, überstürzt. Wir gehorchen denen, die am meisten drängeln oder am lautesten schreien, als wären wir für uns selbst abwesend. Wir sind nicht mehr in der Lage, auf uns zu hören. Eine Möglichkeit, sich der Tyrannei der Dringlichkeit zu entziehen, besteht darin, zwischen dringend und wichtig zu unterscheiden. Viele Dinge sind dringend, nicht alle sind wichtig. (…) In Momenten der Entspannung geht uns meistens ein Licht auf. Dann begreifen wir, dass wir uns selbst vertrauen können. Die Antwort ist da, in uns. Es braucht nur einen Rahmen, damit wir sie vernehmen können« (Pépin 2019, 68–72).

Es geht im (Arbeits-)Leben ja nicht nur um uns selbst, sondern wir sind eingebettet in ein soziales Gefüge, in dem jeder eigene Interessen und Ziele verfolgt, die miteinander abgestimmt werden müssen. Im ein oder anderen Kontext unterliegen wir damit auch Zwängen. Wir sollten auch die Seiten unseres (Arbeits-)Lebens annehmen, die weniger nach guter Schokolade schmecken. Mit gutem Selbstvertrauen suchen wir die Schuld bei solchen Erfahrungen weder bei uns noch bei anderen, sondern sehen sie als eine Möglichkeit an, daran zu wachsen. So setzen wir Vertrauen in das ganze Selbst und nicht nur in einen Teil davon. Wir stellen weniger als die Ergebnisse vielmehr unsere Entscheidungen in das Zentrum der Selbstreflexion. Wir fassen Mut, auf uns zu hören. In Sri Lanka kennen die Menschen das Sprichwort, dass wir den Himmel in unserem Inneren tragen. So verstanden, beginnt jede Veränderung in uns selbst und nicht im Außen.

Tipp

Lernen Sie, mit Ihrem eigenen Kopf zu denken und sich selbst zu vertrauen. Sollte Ihnen diese Fähigkeit einmal abhandenkommen, lesen Sie die Tagebücher von Etty Hillesum oder die Biografie von Viktor Frankl. Sie haben das ganze Ausmaß des Bösen erlebt, wozu Menschen fähig sind, und »trotz alledem« einen höchst individuellen Weg gefunden und begangen, der das Selbstvertrauen durch die Sinnhaftigkeit gestärkt und bewahrt hat.

3. Das Oberstübchen entrümpeln

Dass wir sind, weil wir denken, war die These von Descartes. Die Philosophie wandte sich in der Neuzeit von verstaubten Traditionen des Mittelalters und alten Autoritäten ab. Die Wissenschaft gewann an neuer Freiheit. Auch wir unterliegen mit unseren Gedanken der Zeit, in der wir unter Einsetzen der Sinnesorgane Daten sammeln. Das Verbindende, Gegenüberstellende und Abgrenzende dieser Sammlung bestimmt unser Denken. Durch die fünf Sinne Sehen, Hören, Riechen, Schmecken und Fühlen nehmen wir Informationen auf, die im Gehirn verarbeitet, kombiniert und gespeichert werden.

Wie frei sind wir in dem, was wir denken? Und wie sehr bestimmen unsere Gedanken unser Fühlen und Handeln? Zunächst einmal beeinflusst die Biologie und unser Körper das Denken, zum Beispiel wenn wir Hunger oder Schmerzen haben. Dabei spielen auch unsere Gefühle in Form von Unlust oder Wohlbefinden eine wichtige Rolle. Unser Einfluss auf das Denken bestimmt sich maßgeblich dadurch, welche Gedanken wir aus der Sammlung bewusst auswählen, denn vieles läuft unbewusst ab, und dabei werden Vorlieben und Prioritäten wahrnehmbar. Ein eher depressiv veranlagter Mensch pflegt vielmehr trübe Gedanken, ein eher optimistischer freudvolle und aufbauende. Insofern können wir die Auswahl mancher Gedanken bewusst steuern, indem wir wahrnehmen, welchen persönlichen Tendenzen wir öfter nachgehen, und ob sie uns guttun oder vielmehr Schaden anrichten.

Beispiel

Maria möchte schon seit Längerem am Arbeitsplatz auf ausreichend Pausen und Bewegung achten, um abends nicht immer derart müde und abgespannt zu sein. Sie erstellt einen Wochenplan, in den sie die Pausen, und wie sie sie verbringen will, einträgt. Trotzdem klappt es nicht, sie erreicht ihr Ziel nicht und verändert nichts an ihrem Wohlbefinden. Es lohnt sich, dass Maria sich fragt, was sie an einem Arbeitstag konkret jeweils von der Pause abgehalten hat? Weshalb hat sie sie nicht genutzt, um sich wirklich zu erholen und für kurze Zeit frei zu werden von dem, was um sie herum geschieht? Wie sehen ihre Denkmuster zu dem, was sie sich eigentlich für ihr Wohlbefinden gönnen will, aus?

Wird Maria sich ihrer Gedanken bewusst, erkennt sie deren Einfluss auf ihre Gefühle und ihr Handeln. Gedanken enthalten nicht nur Fakten, sondern zum Beispiel auch Wünsche, Pläne, Erinnerungen, Bilder und Sinneseindrücke. Sie beeinflussen unsere Entscheidungen. Bestimmte Gewohnheiten im Denken können sich zu Mustern einprägen, die wir immer wieder abrufen, auch wenn sie uns gar nicht guttun und uns in dem, was wir eigentlich wollen, behindern. Vereinfacht gesagt bringen unsere Gedanken zwei Tendenzen mit allen möglichen Abstufungen und Schattierungen hervor, die einen unmittelbaren Einfluss auf unsere Gefühlslage haben: positive und negative. Diese Tendenzen manifestieren sich in unserem Handeln. Nun sind wir kein Automat, der entsprechend dem, was oben eingeworfen wird, das Ergebnis unten ausspuckt. Dennoch kennen wir aus eigener Erfahrung, dass wir mit positiven Gedanken eher motiviert an- und zupacken und an unseren Erfolg glauben als mit negativen. Wir gestalten unsere Welt durch die vorherrschende mentale Einstellung und Prägung. Vorwiegend negatives Denken behindert das Wohlbefinden und den beruflichen und persönlichen Erfolg eines Menschen.

Selbsttest: Denke ich vor allem negativ?

Kreuzen Sie an, wenn Sie einer Aussage in Bezug auf Ihr (Arbeits-)Leben zustimmen.

*Ich denke eher an das, was nicht klappen kann.
*Ich denke öfter an Schwierigkeiten, auch wenn diese noch gar nicht aufgetreten sind.
*Ich denke viel an (frühere) negative Entwicklungen.
*Ich glaube nicht daran, dass ich Glück und Erfolg verdient habe.
*Ich treffe schwer Entscheidungen, die meine Situation verbessern könnten.
*Ich bleibe unter meinen Möglichkeiten.
*Ich erlebe immer wieder diffuse Ängste.
*Ich mache mir Sorgen.
*Meine Stimmungen schlagen öfter von jetzt auf gleich um.
*Ich denke viel an die Vergangenheit oder Zukunft und vergesse die Gegenwart.
*Ich urteile über mich (hart).
*Ich urteile über andere (hart).
*Ich tue nicht das, was mir gut tun würde, sondern vielmehr das, was mich herunterzieht.
*Ich kreise um Probleme.
*Ich finde immer das Haar in der Suppe.
*Ich kann schwer Komplimente annehmen.
*Mein Motto lautet: Für jede Lösung ein Problem!
*Die Gestaltung guter (Arbeits-)Beziehungen fällt mir schwer.
*Ich bin nicht beliebt.
*Ich freue mich nicht auf meine Zukunft.

Hinweis: Je mehr Kreuze Sie gesetzt haben, umso mehr pflegen Sie negative Gedanken. Gehen Sie diesen auf den Grund – schauen Sie, wo die Ursachen dafür liegen. Sind diese Gedanken der jeweiligen Situation angemessen, oder neigen Sie aufgrund Ihrer persönlichen Prägung und Erfahrung dazu, (auf Stress) überzureagieren? Sehen Sie sich in der Lage, zum Beispiel durch Nutzen der nachfolgenden Impulse, sich stärker auf positive Aspekte zu konzentrieren und sich von überwiegend negativem Denken abzuwenden (falls nicht, ist ggf. therapeutische Unterstützung angezeigt)?

Mentale Balance

Die eigene mentale Balance zu pflegen, ist eine wichtige Quelle des Selbstrespekts. Gerade wenn Sie einmal durch ein Ereignis oder eine schwierige Phase aus Ihrer Mitte geraten sind, sollten Sie sich freiwillig in diesen Zeiten nur mit Menschen umgeben, die Ihnen guttun und die Sie schätzen. Wertschätzung – sich selbst gegenüber und von anderen gegeben – ist der goldene Schlüssel für den Selbstrespekt. Fehlen zu bestimmten Zeiten solche Menschen, sorgen Sie selbst gut für sich. Seelische Selbstfürsorge unterstützt die Selbstachtung und den Selbstrespekt. Dazu gehört zum Beispiel die Abgrenzung gegenüber Energieräubern, die eigene Selbstwirksamkeit zu stärken, und das Loslassen zu üben, um zu mehr Gelassenheit zu gelangen. Zur Selbstfürsorge gehört auch, sich auf Dinge zu konzentrieren, die Spaß machen und einem guttun. Die Sterbebegleiterin Bronnie Ware führte berührende Interviews mit Sterbenden, und eines von fünf Dingen, die diese am Ende ihres Lebens am meisten bereuten, nicht getan zu haben, war öfter glücklich gewesen zu sein. Glücklich oder zumindest zufrieden werden wir durch die Anhäufung der Dinge, die uns Freude bereiten.

Mentale Balance pflegen Sie auch, indem Sie darauf achten, mit welchen Informationen Sie sich beschäftigen. Achtsamkeit ist wichtig, aber es gibt auch die Kunst der Unachtsamkeit, die selbstfürsorglich ist. Dies dann, wenn Informationen Sie unnötig ablenken, irritieren, langweilen oder beunruhigen. Seien Sie auf der Hut vor Ratgebern, auch in Form von Personen und nicht nur als Bücher. Verkaufen diese die eigenen Gedanken als Stufe zur Materie, sodass Sie anscheinend alles rein durch Gedankenkraft in Ihrem (Arbeits-)Leben initiieren und kreieren? Das ist Humbug, der zur Grundlage hat, dass die ganze Welt einem (geistigen) Machbarkeitswahn unterliegt, oder anders ausgedrückt, magisches und unreifes Denken. Sicher ist es wichtig, die eigenen Gedanken in positiver wie negativer Ausrichtung zu beobachten und – wenn nötig – zu hinterfragen und zu verändern, aber diese haben nicht die Macht, Ihnen zum Beispiel bei zu vielem negativen Denken Krebs zu bescheren, wie es manche dieser obskuren Denkrichtungen unterstellen, und auch nicht, mit bloßer Gedankenkraft zu einer Million Euro zu gelangen. Schauen Sie sich Menschen genau an, die Ihnen Rat geben. Sind diese selbst in einer guten (mentalen) Balance? Hören Sie auf Ihre Intuition!

Fünf Impulse für die mentale Balance

1. Impuls: Selbstgespräche steuern

Es gibt einen schönen Slogan, dass wir, wenn wir nachdenken, dies auch gleich in positiver Weise tun können. Wir verwenden bestimmte Wörter, Phrasen und Sätze, wenn wir mit uns selbst sprechen. Selbstgespräche sind keine abnormen, absurden oder krankhaften Verhaltensweisen, sondern jeder tritt mit sich in einen Dialog. Dies dient der Verarbeitung und Klärung von Erfahrungen. Zum Problem werden Selbstgespräche erst, wenn sie negativ gefärbt sind und uns ermuntern, irrationale oder sich selbst sabotierende Überzeugungen aufzubauen. Negative Selbstgespräche haben ihre Wurzeln in schlechter Laune, übermäßiger Selbstkritik, schlechten und nicht verarbeiteten Erfahrungen, psychischen Problemen. Besonders schädigend im inneren Dialog wirken Katastrophendenken, Polarisieren, Personalisieren und Herausfiltern des Negativen.

Beobachten Sie Ihre Selbstgespräche anhand konkreter Situationen und schreiben Sie wichtige Wörter, Phrasen und Sätze daraus auf. So erkennen Sie leicht die negativen und positiven Anteile. Akzeptieren Sie, dass es immer beide Anteile geben wird – mal mehr auf der einen, mal mehr auf der anderen Seite, je nach Situation und Interpretation von Erfahrungen. Achten Sie auf Ihre Tendenz, insbesondere negative Filterungen vorzunehmen. Spüren Sie den mit dem Selbstgespräch verbundenen Gefühlen nach. Nehmen Sie wahr, ob Sie zu (selbsterfüllenden) Prophezeiungen neigen, und kommen Sie auch hier einer negativen Färbung auf die Spur. Beobachten Sie, ob Sie die Gedanken anderer übernehmen. Machen Sie sich mit Ihren inneren Sprachgewohnheiten vertraut.

Haben Sie ein negatives Selbstgespräch identifiziert, stellen Sie sich ihm. Es zu verdrängen bringt weniger als ihm auf den Grund zu gehen und zu hinterfragen, ob der innere Dialog Funken von Wahrheit enthält? Ist dem so, kann man diese in einen neuen Rahmen oder Kontext setzen und sich fragen, ob es auch andere Sichtweisen dazu geben kann? Fragen Sie sich, ob Sie mit diesem Denken Ihre Ziele erreichen? Wie können Sie Hindernisse überwinden? Üben Sie sich in einem positiven Selbstgespräch. Schreiben Sie einen negativen inneren Dialog um. Schaffen Sie sich eine fördernde, wohltuende und anregende Umgebung und treffen Sie positive Menschen, die Ihnen Mut und Zuversicht vermitteln.

2. Impuls: Verzerrungen auflösen

Das Negative aufblasen, in Extremem von Schwarz und Weiß denken, den (wechselnden) Gefühlen zu große Macht geben und willkürliche Interpretationen sind Verzerrungen unseres Denkens. Wichtig ist, dass wir solche Gedankenmuster erkennen und sie in positiver Weise herausfordern. Wir sollten sie vor allem nicht zu wichtig nehmen und ihnen keinen großen Platz in unserem Denken einräumen.

Sagen Sie sich:

- Meine Gedanken sind nur meine Gedanken!
- Gibt es einen Beweis für das, was ich denke?
- Was könnte an produktivem Inhalt an meinen Sorgen dran sein?
- Kann ich dies auch aus einer anderen Perspektive sehen?
- Was kann (mir) im besten, im schlimmsten und im realistischen Fall passieren?
- Habe ich Erfahrungen gemacht, die meinem Denken widersprechen (gab es Ausnahmen in positiver Weise)?
- Gibt es in dieser Situation auch Vorteile oder positive Aspekte, die ich durch negatives Denken ignoriere?
- Was sagen andere zu meinen Gedanken?
- Kreide ich mir etwas an, über das ich gar keine Kontrolle habe? Wäre Loslassen die Lösung?

3. Impuls: Überzeugungen positiv ausrichten

Der Glaube an sich ist maßgeblich für einen konstruktiven Umgang mit sich auch dann, wenn es Schwierigkeiten oder Fehler gibt. Dieser wird befördert durch die Überzeugung, dass auch Dingen, die schiefgelaufen sind, ein Sinn abzugewinnen ist, vor allem durch die innewohnenden Lernerfahrungen und Chancen der persönlichen Entwicklung.

Diese Einstellungen sind hilfreich:

- Ich erwarte Fairness und Korrektheit im Umgang mit mir.
- Es ist in Ordnung, Fehler zu machen, denn ich kann daraus lernen.
- Ich kann und muss nicht alles kontrollieren. Es gibt Bereiche, in denen ich meinen Einfluss geltend machen kann, und es gibt Bereiche, in denen ich die Dinge akzeptiere, wie sie sind.
- Ich bin für jeden glücklichen Tag selbst verantwortlich. Verläuft der Tag ungünstig, liegt es immer noch an mir, was ich daraus mache.
- Was ich erlebe ist Teil meiner (menschlichen) Erfahrung und Geschichte.
  Ich nehme sie an.
- Ich achte darauf, mich nicht von negativen Nachrichten und Gefühlen anstecken zu lassen. Ich vermeide unproduktive und sinnlose Gespräche.
- Ich bin dankbar für die positiven Dinge in meinem (Arbeits-)Leben.
- Ich erhöhe die Qualität meiner Arbeit und in meinem Leben, indem ich negative Tendenzen reduziere.

4. Impuls: Verstand zähmen

Destruktive Selbstzweifel gehen mit negativen Gedanken einher und beschweren das (Arbeits-)Leben. Damit einher geht eine übermäßig kritische Haltung sich selbst gegenüber. Selbstzweifel müssen auf ihre Entstehung hin untersucht und verwandelt werden, damit sie einem erfüllten (Arbeits-)Leben nicht im Weg stehen. Deshalb können wir bei jeder positiven Handlung bewusst wahrnehmen, wenn unsere Selbstzweifel in Form unseres inneren Kritikers uns den Spaß und die Freude an der Sache vermiesen wollen. Wir können ganz bewusst und gezielt unsere persönlichen Fähigkeiten, Talente und Ressourcen einsetzen, um Selbstzweifel zu überwinden. Letzten Endes sind diese dann Helfer, die dazu beitragen, dass wir selbst auferlegte Beschränkungen ablegen und über uns selbst hinauswachsen. Immer, wenn wir auf diesem Weg einen Erfolg verbuchen können, gewinnen wir an Selbstvertrauen und unsere Selbstzweifel werden mit der Zeit immer geringer.

5. Impuls: Examen ablegen

Der Mitbegründer des Jesuitenordens Ignatius soll ein Lebemann gewesen sein, bevor er durch eine schwere Verletzung sein Leben korrigierte und sich als Pilger und Priester neu ausrichtete. Er nannte sein tägliches Gebet der Achtsamkeit »Examen«. Zweimal am Tag (z.B. mittags und abends) unterbricht man für wenige Minuten seinen Alltag und überprüft mit einer kurzen Meditation, ob man sich noch auf dem richtigen Weg befindet.

Das kann konkret bedeuten:

- Nicht nur der eigenen Perspektive Raum zu geben, sondern mich zu fragen, was Gott an diesem Tag von mir will.
- Die bisherigen Schritte des Tages reflektieren und sowohl Positives als auch Negatives wertfrei betrachten.
- Mich meinen Fehlern des (bisherigen) Tages stellen.
- Dem Positiven und Gelungenen des (bisherigen) Tages Raum geben.
- Mich fragen, was wohl der morgige Tag (und Gott) von mir will?

4. Die Spielarten der Stimmung erleben

In unseren Stimmungen drücken wir uns in Resonanz mit der Welt aus. Je besser wir sie wahrnehmen und akzeptierend mit ihnen umgehen, umso mehr pflegen wir eine lebendige innere und äußere Resonanz. Solche stimmungsvollen Augenblicke können uns wachrütteln und etwas aufzeigen, das bislang im Verborgenen schlummerte. Um uns unserer Stimmungen bewusst zu werden, müssen wir etwas Distanz zu unserem Alltag herstellen; sei es nur für wenige Minuten. Jedenfalls sollten wir aus dem gegenwärtigen Tun ein Stück weit heraustreten. Unsere Stimmungen sind Resonanz, die wir auf unsere Erfahrungen erleben, und sie beeinflussen unser Denken und Handeln. Gedanken verursachen Gefühle und deren unterschiedliche Färbungen prägen unsere jeweilige Stimmung. In einem stimmungsvollen Moment kann die Vergangenheit, Gegenwart und Zukunft eine Rolle spielen. Nehmen wir eine vorbeigegangene Situation, die wir erinnern und die in uns ein melancholisches Gefühl auslöst, weil etwas ungesagt und ungelöst in ihr verblieben ist. Diese Stimmung nehmen wir mit ins Heute und Morgen, sie schwingt in uns, als seien wir ein Resonanzboden. Die eigene Biografie ist erinnernd gespeist von stimmungsvollen Erlebnissen und dem, welche Bedeutung wir ihnen beimessen.

Alle Stimmungen anzunehmen bereichert unser Leben, und wir können helle und dunkle Facetten nutzen, um zur lebendigen Resonanzquelle in uns zu gelangen. Schaut man in die Kunst, Musik und Literatur, finden wir zahlreiche Beispiele der kreativen Verwandlung negativer Stimmungen, sodass die wahre Strahlkraft eines Werkes erst in der Auseinandersetzung mit den dunklen Seiten entwickelt wird und das Ergebnis an Tiefe gewinnen kann. Darüber hinaus verhilft die Akzeptanz unterschiedlicher Stimmungen, sich auf kreative und lebendige Prozesse einzulassen und absichtslos zu sehen, wohin sie einen führen. Wer die inneren Bewegungen verfolgt, kann sie mit einer gelassenen Haltung als Teil von sich annehmen und nicht bewerten, ob sie nun gerade erwünscht oder nicht erwünscht sind.

Tipp

Sie können Ihre Stimmungen nutzen und sich fragen:

- Was passiert gerade in mir?
- Was erlebe ich als angenehm oder unangenehm?
- Was davon kann ich gut annehmen, und was möchte ich verändern?

Allein die Tatsache, dass wir uns unserer jeweiligen Stimmung stellen und sie nicht verdrängen, ermöglicht bereits eine Wandlung. In manchem Kontext unseres Lebens werden wir allerdings nicht gerade ermuntert, uns unseren Stimmungen zuzuwenden und sie ernst zu nehmen. Hier sollen wir uns vielmehr zerstreuen, sie nicht so wichtig nehmen, auf etwas oder jemanden reagieren und weniger agieren und vor allem funktionieren. Wir sollen uns gar nicht so sehr mit uns und unserem Innenleben beschäftigen. Damit sind wir unter Umständen in einem Blindflug unterwegs, bei dem wir nicht sehen und nicht fühlen, was welche Resonanz in uns auslöst, womit wir in Resonanz gehen oder bleiben oder wovon wir uns lieber abwenden wollen.

Manche Erkenntnis trifft uns wie ein Blitz, und wir erkennen die Dinge und Menschen plötzlich, wie sie sind. Diese Funken kommen schlagartig durch irgendeinen inneren oder äußeren Auslöser in unser Bewusstsein und können angenehme wie unangenehme Gefühle und Gedanken verbreiten. Immer aber handelt es sich um eine Erweiterung unseres Bewusstseins und so gesehen um ein Erwachen, über das wir dankbar sein können. Deshalb sollten wir solche Erfahrungen annehmen und nicht verdrängen, auch wenn sie auf den ersten Blick Unruhe in unser (Arbeits-)Leben bringen. Man begreift meistens erst später, was unsere Welt plötzlich auf den Kopf gestellt hat, und wohin uns dieser erweiterte Blick führt. Wenn wir solche Erfahrungen analysieren, begreifen wir, dass sie mit etwas Wichtigem verbunden sind, das uns näher an uns selbst heranführt. Wir sehen etwas nicht mehr nur vordergründig, sondern vielmehr mit unserer Seele und unserem ganzen Sein. Wir spüren, was die Welt in ihrer Tiefe für uns bedeuten könnte, und wie sie uns zu Selbstrespekt führt: zu unserem Selbst deshalb, weil wir eigene Entdeckungen machen, und uns nicht an Leute hängen, die uns alles Mögliche versprechen und verkaufen wollen. Stellen wir uns den lichten und schattigen Erkenntnissen, kann das unsere Klarsicht und innere wie äußere Freiheit befördern. Wir kommen zu neuen Orten und verlassen sie auf unserer Reise der Selbsterkenntnis wieder, um weiterzugehen. Wir schauen in alle Richtungen und sind in Bewegung.

Übung: (Traum)Tagebuch

Die Klärung eigener Themen, Stimmungen und Entwicklungen lässt sich sehr gut durch Schreiben vornehmen, zum Beispiel indem Sie Ihre Gedanken in ein Notizbuch schreiben und immer mal wieder hervor nehmen und reflektieren, oder aber strukturiert und planvoll mit einem (Traum)Tagebuch. Interessant dabei ist, in einer Rubrik Notizen zu den Ereignissen und Reflexionen des Tages zu machen und in einer anderen die Träume der Nacht aufzuschreiben. Den Träumen geben Sie eine Überschrift zu dem, was sie Ihnen sagen. Ihre Aufzeichnungen bilden die Grundlage für spätere Reflexionen und Erkenntnisse zu Ihrem Erleben von Situationen. Es sind Ihre Begegnungen mit anderen Menschen, mit der Welt und mit sich selbst. Sie können frühere Zeiten im Heute wieder zum Erwachen bringen, stoßen auf frühere Gefühle und Gedanken und schauen, was diese Ihnen heute sagen und Sie werden durch und in Ihren Notizen klarer. Ein (Traum)Tagebuch verhilft zum Nachdenken, Sichten, Aussortieren, Arbeiten an sich selbst. Es kann aufzeigen, was Ihnen wirklich wichtig ist und welche Entwicklungsphasen Sie durchschreiten. Es kann Ihr Wohlbefinden steigern und Ihnen in schwierigen Lebensphasen eine wichtige Unterstützung bieten. Wenn Sie einen bestimmten Traum genauer analysieren möchten, können Sie untersuchen, für welche Personen oder Situationen in Ihrem (Arbeits-)Leben die Akteure und Handlungen im Traum stehen könnten. Sie können schauen, ob sich im Traum etwas verdeutlicht oder entzieht, und wohin das Verhalten der Akteure führt. Sie können Übertragungen auf Ihre tatsächliche derzeitige Situation und Ihr Erleben herstellen.

Sorgen und Lebenskunst

Schattige Phasen unseres (Arbeits-)Lebens versetzen uns in Sorgen, die wir regulieren sollten, damit sie nicht zu unbezwingbaren Monstern werden. Deshalb können wir uns bewusstmachen, dass wir nicht nur aus unseren Sorgen bestehen, auch nicht in schwierigen Phasen. Wir sollten uns mit ihnen nicht identifizieren, sondern immer eine angemessene Distanz wahren. Anderenfalls greifen Sorgen unsere Selbstachtung und unseren Selbstrespekt an. Gefährlich sind Sorgen immer dann, wenn sie in unproduktiven Grübeleien enden. Diese führen ins Leere und sind kein produktives Nachdenken über eine Situation. Es ist wichtig, sich bewusst zu machen, mit welchen Problemen man sich gerade herumschlägt, und welche Bedeutung diese für einen in einem, in fünf und in zehn Jahren haben werden. Auch kann es sich lohnen, ein Protokoll zu führen, was sich aus ehemaligen Problemen entwickelt hat. Ein Großteil dürfte sich in Luft aufgelöst haben!

Tipp

Um mit schattigen Aspekten seines (Arbeits-)Lebens produktiv umzugehen und Lösungen zu finden, die die eigene Entwicklung fördern, sollten Sie falsche Einstellungen über Bord werfen, die zum Beispiel sind:

- Ich muss mich nur genug anstrengen!
- Ich hätte die Situation vermeiden sollen.
- Die Unsicherheit ist das größte Problem.

Es liegt in aller Regel nicht daran, dass Sie sich zu wenig angestrengt haben, wenn Sie Probleme haben, und Sie können ihnen meist auch nicht ausweichen. Ein ungewisser Ausgang einer Situation gehört zum Leben. Sie können nicht alles kontrollieren, aber Sie können einen bewussten Umgang mit dem, was Ihnen widerfährt, finden. Je weniger Sie ein Problem als Bedrohung ansehen, umso besser stellen Sie sich (neuen) Herausforderungen. Sehen Sie Probleme als etwas an, das zu Ihrem (Arbeits-)Leben gehört. Akzeptieren Sie die Dinge, wie sie sind, und schlagen sich auf die Seite eines ungewissen und lebendigen Lebens. Die meisten Probleme können gelöst werden und sind keine unabänderlichen Zustände oder große Dramen. Mit Akzeptanz können Sie den Dingen ins Auge blicken und die Folgen für Ihren weiteren Weg abschätzen. Sie können auch genau hinsehen, wo Sie Einfluss auf positive Entwicklungen und Verbesserungen einer Situation nehmen können.

Wenn wir die Spielarten unserer Stimmungen erleben und tatsächlich spielerisch mit ihnen umgehen, können wir von Kindern und ihrem Spiel eine Menge lernen. Beim Spielen fokussieren wir unsere Aufmerksamkeit und steuern damit die Gedanken und Gefühle. Wir gehen Herausforderungen optimistisch und locker an, und wenn wir dabei scheitern, fangen wir einfach nochmal von vorne an. Das stärkt die Erwartung und das Empfinden an und für unsere Selbstwirksamkeit. Ein spielerisches Vorgehen verlangt immer wieder einen Perspektivenwechsel und eine positive Bewertung von Situationen, weil wir zum Ziel kommen möchten. Das stärkt unsere Widerstandskraft (Resilienz). Wer eine solche Haltung auch im (Arbeits-) Leben immer wieder einmal einnehmen kann, und vor allem dann, wenn man sich in etwas verbeißt, nimmt die Dinge in die eigene Hand und agiert gelassener in der Welt. Auch im Sinne der Stressbewältigung ist spielerische Lebenskunst förderlich.

Tipp

Identifizieren Sie die kleinen oder größeren Bösewichte, die Ihnen die spielerische Lebenskunst nehmen. Schauen Sie genau hin, was Ihnen Sorgen, Ängste oder Schmerz bereitet, und sehen Sie vor allem auf das, was Ihren Fortschritt beeinträchtigt oder blockiert. Gleichzeitig überlegen Sie, was Ihnen Kraft gibt, um den Kampf gegen die Bösewichte aufzunehmen und zu gewinnen, auch wenn es nur die vermeintlich kleinen Dinge sind. Halten Sie schriftlich fest, was in den jeweiligen Bereichen konkret positive Veränderungen in Ihrem (Arbeits-)Leben erbracht hat.

Das Selbst meiner Stimmungen

Sie haben die Gestaltung Ihrer Gegenwart und Zukunft mit in der Hand. Ein Grund, sich jedem einzelnen Tag bewusst zuzuwenden, auch dann, wenn er Ihren Wünschen und Bedürfnissen nicht voll entspricht. Wer auch zum Unvollkommenen täglich Ja sagen kann, wird zufriedener und friedlicher – in sich und mit der Welt. Es wird immer einmal Zweifel, Verwirrung und Probleme in Ihrem Leben geben. Wenn Sie Ihre Mitte immer wieder ausbalancieren, entdecken Sie eine nachhaltige Zuversicht, in sich zu Hause zu sein. Mit diesem inneren Halt können Sie gelassener mit Schwierigkeiten und Widersprüchen umgehen und sich ein Stück weit unabhängig von den äußeren Umständen machen. Katharina Ley meint, dass wir aus psychoanalytischer Sicht mehrere sind bzw. »ein Übermaß an Selbsten« haben (vgl. Ley 2008, 25). Diese »Selbste« erscheinen uns in Form verschiedener Stimmungen, die an einem einzigen Tag auftreten können. Wir fühlen uns von einem Moment zum nächsten anders als gerade eben. Reagieren wir darauf nicht impulsiv und nehmen uns Zeit, herauszufinden, was die veränderte Stimmung in Richtung Hoch oder Tief ausgelöst hat, lernen wir uns besser kennen und verschiedene Stimmungen zu akzeptieren. Sie können sich »zähmen«, wie es der kleine Prinz mit dem Fuchs getan hat.

»Da erschien der Fuchs. (…) 'Komm, spiel mit mir', schlug ihm der kleine Prinz vor. (…) 'ich kann nicht mit dir spielen', sagte der Fuchs. 'Ich bin noch nicht zahm'. 'Ach so! Entschuldige!', sagte der kleine Prinz. Er dachte nach und meinte dann: 'Was bedeutet zahm?' 'Du bist nicht von hier', sagte der Fuchs. 'Was suchst du?' 'Ich suche die Menschen (…). Ich suche Freunde. Was bedeutet zahm?' 'Das ist etwas, was oft vergessen wird', sagte der Fuchs. 'Es bedeutet, mit anderen verbunden sein'« (De Saint-Exupéry 2020, 35).

Wer einen annehmenden, wohlwollenden und gelassenen Umgang mit seinen Stimmungen und »Selbsten« finden kann, kommt immer mehr zum Kern seines inneren Wesens – sein Selbst. Im spirituellen oder religiösen Sinn kann man auch vom »Höheren Selbst« sprechen, im psychologischen oder persönlichen Sinn mit einem Augenzwinkern von der »besten Ausgabe von sich selbst«. Immer also ist das Selbst etwas, das über uns hinausgeht und uns in bester Weise ausdehnt und vergrößert. Wir gehen über alltägliche und persönliche Begrenzungen hinaus und verbinden uns mit einer größeren Kraft. Wenn Sie sich Ihren Stimmungen ausgeliefert fühlen, erkennen Sie den eigenen Anteil und Ihre persönliche Geschichte darin nicht. Sie meinen wahrscheinlich, dass vor allem das, was andere Menschen tun oder sagen, Ihre Stimmungen verursacht. Damit begeben Sie sich in große Abhängigkeit von anderen Menschen und von (äußeren) Umständen. Auch Sie sind vermutlich nicht jeden Tag so, wie Sie gerne wären. Und die anderen tun auch nicht immer das, was Sie gerne hätten. Wichtig ist, dass Sie eigene ungeliebte Anteile nicht auf andere projizieren, und damit womöglich unproduktive Konflikte anzetteln, sondern sich mit diesen konstruktiv auseinandersetzen.

Tipp

- Erkennen Sie den/die Auslöser in bestimmten Situationen, die Ihre aktuelle Stimmung verändern.
- Schauen Sie sich Ihre (verschiedenen) Gefühle ruhig und akzeptierend an und versuchen Sie eine Zu- und Einordnung.
- Sagen Sie sich, dass all diese Facetten Ihrer Gefühlspalette zu Ihnen gehören und dass Sie selbst dazu beitragen können, unangenehme Gefühle zu verändern – Sie müssen nicht auf ihnen sitzenbleiben, oder wollen Sie das?
- Bemühen Sie sich um ein zielführendes und konstruktives Verhalten bei einer Problemlösung.

Vor allem (anhaltender) Ärger und Frustration kann nicht nur die Offenheit für neue Erfahrungen empfindlich stören, sondern auch das Wohlbefinden. Wer Ärger und Frust schneller loslassen kann, gewinnt erheblich an besserer Qualität in seinem Leben. Wir sind dann nicht nur großzügiger und toleranter uns selbst gegenüber, sondern auch mit anderen. Der Mystiker Johannes Tauler meinte, dass wir den Frieden im Unfrieden suchen müssen, die Freude in der Trauer, die Gelassenheit in der Unbeständigkeit und den Trost in der Bitterkeit. Sie können und müssen sich natürlich ein Stück weit Ihrem Umfeld anpassen, aber dennoch dürfen Sie in diesem von äußeren Umständen oder anderen Personen geschaffenen Rahmen Ihr Eigensein integrieren und leben. Nur so sind Sie keine funktionierende Marionette, sondern eine eigenständige Persönlichkeit. Die äußere »Maske« Ihrer Person wandelt sich, Ihr Wesenskern bleibt aber derselbe. Im (Arbeits-) Leben kann es Risse und Brüche geben, die gekittet und verwandelt werden wollen, und vielleicht entdecken Sie sogar Möglichkeiten zum persönlichen Wachstum durch solche Erfahrungen, die es ohne diese nicht gegeben hätte. Sie arbeiten und leben dann im Fluss und im Wandel und stellen sich Veränderungen und Entwicklung nicht entgegen. Sie gehen mit dem Leben.

Fragen Sie sich:

- Was macht meinen Wesenskern aus?
- Was darf sich um ihn herum verändern, aber nicht in ihm?
- Was ist mir in Bezug auf mich selbst wirklich wichtig?

Beispiel

Annika nimmt nicht nur am Arbeitsplatz einiges hin, sondern auch in ihrer Ehe. Sie geht Streit am liebsten aus dem Weg und grübelt stunden- und tagelang darüber nach, was sie falsch gemacht haben könnte. Sie zweifelt an sich, an ihrem

Job, an ihrer Beziehung und letzten Endes auch am Leben. Wenn sie zurückblickt, kann sie erkennen, dass sie nicht dazu ermutigt wurde, aus vollem Herzen ***Ja*** *oder* ***Nein*** *sagen zu können – sie musste vor allem funktionieren, sich unterordnen und anpassen. Eigene Entscheidungen kennt sie kaum, und wenn sie vor ihnen steht, gerät sie in große Unsicherheit, in Selbstzweifel und unter Druck. Sie spürt wohl, wenn sie an ihre Grenzen kommt und wenn andere diese übertreten und missachten, sie weiß aber nicht, wie sie dem ein Ende bereiten und sich durchsetzen kann.*

Akzeptierend umgehen mit dem, was uns im Beruf und Leben widerfährt, heißt nicht zwingend, es gut zu heißen. Werden unsere Wünsche und Bedürfnisse nicht erfüllt, sind wir traurig, verärgert, verletzt oder frustriert. Damit gehen unangenehme Gefühle einher. Wenn wir aber offenbleiben, ist Wandlung und Veränderung möglich. Andernfalls bleiben wir durch Ignoranz, Vermeidung oder Verleugnung stecken und konservieren unsere Gefühle. Das Einfrieren oder Einmauern macht (uns) starr, unflexibel und unglücklich. Hermann Hesse hat in seinem Gedicht »Stufen« dafür plädiert, dass wir bei jedem Ende einer Situation bereit sein müssen, weiter zu gehen. Wir müssen Altes loslassen, um etwas Neues zu gewinnen. Loslassen gelingt, wenn wir akzeptieren, was ist und es nicht verleugnen. Annika muss ihre alte »Maske« im von anderen Personen oder den Umständen geprägten Rahmen ablegen, mit der sie anderen gegenüber ihren wahren Wesenskern verleugnet und sich nicht zeigt – in dem, wer sie wirklich ist. Sie muss erkennen, dass diese Situation der Selbstverleugnung nicht mehr zu ihr passt und dass sie diese Rolle ablegen sollte, die ihr offenbar von anderen Menschen zugeschrieben wird, und die sie sich auferlegen lässt. Nur dann kann sie weiter gehen und vorankommen. Nur sie bestimmt, was sie sich selbst wert ist.

Selbstbetrachtung der Gefühle

Ärger, Wut, schlechte Laune, Feindseligkeit, Neid, Verachtung, beleidigt sein … sind ein Vorwurf an die Welt, an andere Menschen und vielleicht auch an uns selbst. Zeitweise auftretend, reflektiert und verwandelt richten solche Gefühle keinen (großen) Schaden an, im Gegenteil können sie uns wichtige Seiten bislang ungelebten Lebens aufzeigen. Sind wir zum Beispiel neidisch auf jemanden, können wir uns fragen, welche Anteile diese Person lebt, die wir selbst gerne in unser (Arbeits-)Leben integrieren würden? Weiter gefragt: Wie schaffe ich es, diese Bereiche zu erobern und was brauche ich dazu? Welche Fähigkeiten besitze ich bereits und welche muss ich mir noch aneignen? Wenn Sie solche Gefühle allerdings konservieren und innerlich ständig wiederkäuen, stecken Sie in einer negativen Grundhaltung fest, mit der sich Veränderungen kaum erzielen lassen. Sie betreiben Recycling und mindern dadurch wahrscheinlich auch das Erleben positiver Stimmungen.

Wir alle müssen zeitweise, wenn nicht manchmal sogar täglich, mit unangenehmen Gefühlen umgehen. Leichter fällt uns das, wenn wir die Zeiten begrenzen, in denen wir darüber nachdenken, und ihnen nicht gestatten, sich in unser ganzes (Arbeits-)Leben hinein zu verweben. Wir alle erleben zeitweise Angriffe, Hindernisse, Verletzungen, Kränkungen und Frustrationen, von denen wir uns empfindlich gestört fühlen. Und manchmal laufen die Dinge einfach ganz anders, als wir uns das vorgestellt hatten. Hier sind wir bei der Akzeptanz, denn fehlt diese, klammern wir uns an eine Illusion und nehmen die Dinge nicht, wie sie tatsächlich sind. Dann können wir aber auch nichts zum Besseren bewegen. Suchen wir die Schuld bei anderen oder uns selbst, kommen wir auch nicht weiter, weil wir uns gegen vorhandene Tatsachen wehren. Geht es auf einer selbstfürsorglichen Ebene darum, etwaige Nachteile oder erlittenes Unrecht auszugleichen, ist die Stimmungs- und Gefühlslage eine andere, weil unser Handeln uns Mut und Zuversicht verleiht. Wir bleiben hier nicht im Wiederkäuen negativer Gefühle stecken, das die (Arbeits-)Beziehungen anhaltend schädigt. Wer sich im Unangenehmen festbeißt, bleibt in seiner alleinigen Sicht auf das Problem gefangen. Das Wiederkäuen negativer Stimmungen bringt Konflikte mit der Welt, mit anderen Menschen und mit sich selbst mit sich. Sie erkennen eine negative Grundhaltung daran, dass Sie nicht nach einer Lösung suchen, sondern vielmehr nach Strafe, Rache oder Dominanz.

Tipp

- Erkennen Sie, was hinter Ihren unangenehmen Gefühlen an unerfüllten Bedürfnissen steckt und was Sie tun können, damit es Ihnen wirklich bessergeht. Beenden Sie negatives und unproduktives Wiederkäuen.
- Sie handeln aus der Ruhe heraus sinnvoller. Schauen Sie, welche Erwartungen Sie fallen lassen können und wo sich Ihr Engagement für eine Veränderung lohnt.
- Seien Sie auf der Hut vor aggressiven und destruktiven Gedanken. Stimmen Sie sich stattdessen konstruktiv und positiv ein, nicht in dem Sie sich die Dinge schönreden, sondern in dem Sie auf realistischer Basis Ihren Horizont und Ihre Möglichkeiten erweitern.
- Verdrängen Sie Ihre negativen Stimmungen nicht, sondern suchen Sie nach der Ursache. Reflektieren Sie, was Sie in diese Gefühle gebracht hat, was Ihr Anteil daran ist und welchen Einfluss Sie auf die Lage nehmen können.
- Angst und Trauer haben leise Stimmen, die manchmal von den lauten Gefühlen wie Ärger und Wut überdeckt werden. Seien Sie mit den leisen Stimmen selbstfürsorglich, das stärkt Ihren Selbstrespekt. Ein asiatisches Sprichwort sagt, dass wir die Vögel unangenehmer Gefühle, insbesondere der Traurigkeit, nicht davon abhalten

können, dass sie über unsere Köpfe fliegen. Wir können sie aber davon abhalten, Nester in unseren Haaren zu bauen.

- Lernen Sie zielführend zu kommunizieren, wenn etwas nicht richtig läuft und sich andere Ihnen gegenüber falsch verhalten. Dies kommt dann konstruktiv daher und ist weder anklagend noch belehrend. Eine faire Kommunikation, die dem anderen keine Schuldgefühle macht, bringt Sie eher an die Erfüllung Ihrer Wünsche heran.
- Sehen Sie Ihren Anteil, Ihre Fähigkeit und Ihre Chance, sich auch unter widrigen Umständen immer wieder ins Gleichgewicht zu bringen und Ihre Selbstachtung zu erhöhen.

Unangenehme Gefühlslagen sind kein Ausdruck unserer Inkompetenz und kein Versagen. Sie zeigen, dass wir lebendige Menschen sind, die ihre gesamte Gefühlspalette leben. Es gibt Phasen unseres (Arbeits-)Lebens, in denen wir sie verstärkt oder häufiger erleben können und die uns aufzeigen, dass etwas in unserer inneren oder äußeren Welt in ein Ungleichgewicht geraten ist. In einer solchen Zeit wirken alltägliche Dinge, die wir gerne und gut tun, besser als ein Medikament gegen graue Tage. Etwas Leckeres kochen, einen schönen Spaziergang machen, ein Bild malen, in der Badewanne ein spannendes Buch lesen, im Garten ein Beet bepflanzen sind solche einfachen Dinge, die uns in eine positivere Stimmung versetzen. Bleiben wir untätig und verharren in negativen Stimmungen, verschlimmern wir eine Situation. Stattdessen wirken kleine, alltägliche Handlungen motivierend und stimmen uns zumindest zeitweise wieder zuversichtlich. Sich immer wieder auf den Weg der kleinen Schritte und Glücksmomente auch in schwierigen Zeiten zu machen, wirkt dem Wiederkäuen negativer Emotionen entgegen. Es geht um ein gesundes Maß, uns mit unseren verletzlichen und starken Seiten anzunehmen. Die eine Seite zeigt uns unsere Grenzen und die andere unsere Möglichkeiten, und beide sind ein Teil von uns. Es hilft: die klare Sicht auf unsere Begrenzungen, immer wieder zu guter Laune, Ruhe und Kraft zu finden, die eigenen Stimmungen anzunehmen und zu regulieren.

Jules Renard soll die ideale Haltung in einer sitzenden Katze gesehen haben: gelassen, innewohnend, aber stets bereit zum Sprung. Springen Sie dann, wenn Sie den Eindruck haben, dass ihr Handeln nachvollziehbar, sinnvoll und nützlich sein wird. Springen Sie nicht ohne diese positive Herausforderung nur des Sprungs wegen. Mit der Haltung der Katze können wir unsere Stimmungen regulieren. Wenn wir sie nicht annehmen und verstehen, werden sie uns nur negativ aufwühlen. Wir können sie ohne diesen Zugang nicht als Bereicherung unseres (Arbeits-)Lebens ansehen, und statt dass sie uns helfen, engen sie ein und behindern uns. Es geht im Umgang mit unangenehmen Gefühlen vor allem um die emotionale Intelligenz und nicht nur um die Analyse, um ein inneres Gleichgewicht und einen Zustand des Friedens zu erreichen.

Im (Arbeits-)Leben wollen wir Glück oder wenigstens Zufriedenheit erleben, und wir erlangen diesen Zustand zeitweise, indem wir vorankommen, unsere Ziele erlangen, stolz auf uns sein und Anerkennung anderer erhalten können. Wir sollten hier keinen unrealistischen Vorstellungen vom Glück hinterherjagen, da dieses aus Augenblicken besteht, die vorübergehen, und keinen Dauerzustand darstellt. Auch lässt sich das Glück nicht »machen«, sondern vielmehr erleben. Mehr Erfolg verspricht der Zustand der weitgehenden Zufriedenheit mit seinem (Arbeits-)Leben. Wichtig ist, dass Sie wissen, was Sie wirklich zufrieden bis glücklich stimmt, anderenfalls jagen Sie vielleicht den falschen Dingen hinterher oder gehen am Glück vorbei. Deshalb braucht es Bewusstsein dafür, wann erfüllende Momente vorhanden sind und was sie einem bedeuten.

Positive Stimmungen und Gefühle sind freudiger, beschwingter, vertrauensvoller, offen interessierter, gelassener, friedlicher, harmonischer, anregender und kraftvoller Natur. Wer sein (Arbeits-)Leben jedoch nur als Anhäufung und Wiederholungen von freudigen Augenblicken sehen will, bewegt sich nur an der Oberfläche. Ein Gemälde mit lauter hellen Pastellfarben wirkt eher langweilig, wenn es nicht auch dunklere oder kontrastreichere Anteile gibt. Glück ohne Tiefe und ohne Nachdenken führt vermutlich nicht zur Sinnhaftigkeit unseres (Arbeits-)Lebens. Positive Gefühle fördern aber den Sinn, denn wir sehen durch sie immer wieder die Metaebene unseres Tuns. Stehen wir vor Herausforderungen, können sie Wegweiser sein, ob sich unser Einsatz für etwas lohnt oder nicht. Wir können mit ihnen als Leitlinie und Orientierung kritischer einschätzen, was (für uns) wirklich zählt.

Tipp

Reisen Sie innerlich (oder auch tatsächlich) einmal zu den wichtigsten Stationen Ihrer bisherigen Biografie und kontaktieren Personen aus dieser Zeit. Gibt es etwas Unabgeschlossenes auf diesem Weg? Was fehlt womöglich, um die Erinnerung als Ganzes abschließen zu können? Welche Ressourcen der jeweiligen Stationen können Sie bewusst mit in die Gegenwart und vielleicht auch Zukunft nehmen? Wenn Sie erinnern, was Sie in Ihrer Biografie glücklich gemacht hat, kann dies wichtige Impulse für das Heute geben. Mindestens aber können Sie Ihren Werdegang als kontinuierlichen Entwicklungsprozess betrachten, in dem Sie vielfältige Erfahrungen gemacht haben (vgl. Mannhard 2021).

Unser Wohlbefinden hängt von der Bewältigung negativer Gefühle und Erfahrungen und dem bewussten Wahrnehmen und Fördern positiver Stimmungen ab. Hierauf haben unsere Gene und bisherigen Erfahrungen einen gewissen Einfluss, was aber nicht heißt, dass der aktive eigene Gestaltungswille nicht ebenso von Bedeutung ist. Ein Mensch kann Schönheit vererbt bekommen haben, nicht aber den Zauber, andere Menschen zum Lachen zu bringen. Oder es wurde einem eine hohe Intelligenz mit in die Wiege gelegt, es fehlt einem jedoch an Disziplin und Durchhaltevermögen, um Ziele zu erreichen und sich auch einmal durch Widrigkeiten hindurch zu beißen.

Deshalb braucht es ganz praktische und persönliche Dinge und Talente, um sich selbst im (Arbeits-)Leben glücklich, zumindest aber zufrieden zu machen:

- Sich bewusst immer wieder in eine positive Stimmung versetzen und die Dinge, die einem dabei helfen, pflegen.
- Sein Netzwerk nicht nur in schlechten Zeiten nutzen und pflegen, sondern vor allem auch in guten.
- Die eigenen Bedürfnisse genau kennen, deren Erfüllung uns zufrieden macht.
- Schlechte Gewohnheiten aufgeben.
- Immer wieder darüber nachdenken, was einen positiv stimmt.
- Die eigenen Prioritäten im Blick behalten.
- Keine faulen Kompromisse eingehen.
- Überraschungen im (Arbeits-)Leben willkommen heißen.

Vermutlich richten Sie sich lieber und meistens positiv aus, denn wie wir alle möchten Sie wahrscheinlich auch unterwegs zu etwas Besserem sein und Fehler sowie Um- und Irrwege integrieren, sodass auch diese ihren Sinn hatten. Die eigene Biografie ist eine Suche nach (Selbst-)Erkenntnis, bei der wir uns zunächst die Frage nach dem Gegenstand (Was?) und dann nach dem Zeitpunkt (Wann?) und der Art und Weise (Wie?) der Umsetzung in unser (Arbeits-)Leben stellen. Gute Wegbegleiter sind Urteilsvermögen, Intuition, Gelassenheit, Selbstvertrauen und Selbstrespekt. Es geht dabei um den eigenen Gestaltungswillen, der sich in innerer Ruhe und Freiheit am besten entfaltet. Mit unseren Erinnerungen und Erkenntnissen der Vergangenheit meistern wir die Herausforderungen der Gegenwart und Zukunft besser. Unsere Erfahrungen sind dabei eine gute Leitlinie und Orientierung. Was es für die innere Freiheit und eine gewisse Leichtigkeit im (Arbeits-)Leben braucht, ist die Toleranz gegenüber Ungewissheiten. Begegnen wir dem Ungewissen mit nicht nur intellektueller, sondern auch emotionaler Intelligenz, lassen wir diese in die Prozesse einließen, in denen wir alltäglich erleben, bewerten und Entscheidungen treffen.

Tipp

- Integrieren Sie Weisheit ganz praktisch in Ihr (Arbeits-)Leben, indem Sie sich zum Beispiel über ein Missgeschick nicht aufregen.
- Beachten Sie positive und negative Stimmungen und Gefühle, indem Sie bei den negativen schauen, was diese Ihnen sagen wollen und die positiven fördern.
- Seien Sie offen im Umgang mit anderen Menschen und beharren bei Streitigkeiten nicht unnötig auf Ihr Recht.
- Gehen Sie Auseinandersetzungen konstruktiv und in positiver Absicht an.
- Betrachten Sie, womit Sie oder andere Ihr (Arbeits-)Leben beschweren und gehen Sie leichtere Wege.
- Treffen Sie trotz Ungewissheiten wichtige Entscheidungen und handeln Sie.
- Leben Sie Ihre Kreativität und die ein oder andere Verrücktheit aus.
- Sehen Sie die Entwicklungen Ihres (Arbeits-)Lebens grundsätzlich als Möglichkeit zum Wachstum an, und trennen Sie sich von den falschen Orten und Menschen, die Sie daran hindern.

Das Positive vermehren

Sinn, Freude, Geborgenheit, Anregung, Selbstwirksamkeit, Gelassenheit, Erfolg – wer möchte das nicht in seinem (Arbeits-)Leben erfahren? Wer das Positive vermehren will, sollte bereits vorhandene Ressourcen ausbauen, neue Fertig- und Fähigkeiten entwickeln, das Negative reduzieren und darauf achten, dass neue negative Aspekte verhindert werden. Eigentlich ganz einfach, oder? Nun kommt es sicher darauf an, was an Entwicklungen in unserem (Arbeits-)Leben in unserer Hand liegt und was nicht. Mindestens können Sie Ihre innere und äußere Ausrichtung auf das Positive setzen, zum Beispiel auf positive Werte, Stärken und Ressourcen in Ihnen selbst und in Ihrem Umfeld. Damit stärken Sie definitiv Ihre Selbstachtung und Ihren Selbstrespekt, was schon einmal ein guter Anfang bei der Ausrichtung auf das Positive in Ihrem Leben ist. Das Innere und Äußere in einer guten Balance befördert das Wohlbefinden, das in einem Wechselspiel zwischen persönlichen Merkmalen und sozialen Interaktionen besteht.

Beispiel

Valentin fühlt sich immer wohler und zufriedener in seinem Leben, und spürt, wie nach einer Krise sein Selbstbewusstsein wieder wächst und er seine negativen Gefühle aufgrund vergangener Erfahrungen immer besser steuern kann. Er gewinnt wieder an Kontrolle über sich selbst und sein Leben und investiert verstärkt in die Beziehungen, die ihm in seiner Arbeit und im Freundeskreis wirklich wichtig sind. Er fühlt sich von anderen Menschen wahrgenommen und unterstützt und erlebt eine größere Zufriedenheit als in der Zeit vor seiner Krise.

Valentin macht zwei Dinge richtig: Er reflektiert seine Gefühle und gewinnt Erkenntnisse, wie er sein Wohlbefinden verbessern kann. Dabei bleibt er aber nicht stehen, sondern er überträgt die Ergebnisse seines Denkens mit aktiven Handlungen in seinen Alltag. Damit übernimmt er Selbstverantwortung und beendet Klagen über andere Menschen oder die (bisherigen) Umstände. Es stellt sich ohnehin die Frage, ob und in wie weit wir uns verletzenden Erfahrungen aus der Vergangenheit überhaupt widmen sollten. Eine sinnvolle Überlegung könnte auch sein, sich gar nicht allzu sehr mit ihnen zu beschäftigen, sie vor allem nicht zu persönlich zu nehmen und sich keinesfalls mit ihnen zu identifizieren. Wir schleppen sonst über die Jahre reichlich Ballast mit uns herum und unterliegen unter Umständen auch allerhand (Selbst-)Täuschungen und Denkfehlern zu uns selbst, anderen Menschen oder den Umständen, die ohnehin vergangen sind. Die positive Vermehrung gelingt stattdessen mit der klaren Ausrichtung auf die eigenen Bedürfnisse und Ressourcen, mit dem Aufgeben von (Selbst-)Anklagen und mit dem Ziel und Handeln, die Umstände im eigenen Leben aktiv zu verbessern. Wer davon überzeugt ist, sich selbst und sein Leben in guter Weise kontrollieren zu können, sieht häufiger den Sinn in bestimmten Situationen und weiß, positive Aspekte darin aufzuspüren und zu nutzen. Mit diesen Kontrollüberzeugungen gehen die Selbstwirksamkeitserwartung und ein Stück weit auch Zuversicht und Hoffnung einher. Wir alle kennen die Hoffnung, wenn unsere Chancen schlecht stehen. Womöglich hoffen wir sogar eher dann. Damit ist die Hoffnung eine Kompetenz, die uns das (Arbeits-)Leben in schwierigen Zeiten leichter ertragen lässt, und eine nährende Quelle für die Selbstachtung und den Selbstrespekt. Studenten entwickelten für die Bewohner eines Pflegeheims einen »Hoffnungsspaziergang« und stellten eine Serie von Bildern mit positiven Stimmungen wie in einer Galerie aus. Hier spazierten sie mit den Pflegebedürftigen entlang und es gelang, eine Atmosphäre der Zuversicht und Hoffnung zu verbreiten. Hoffnung kann also tragen, auch in schwierigen Zeiten! Es geht aber auch darum, nicht hoffnungslos zu hoffen. Wer in der falschen Grube sitzt und immer weiter gräbt, statt sich daraus zu befreien, in der Hoffnung, doch noch den Schatz zu finden, hofft vergebens. Die eigenen Hoffnungen sollten auf den Prüfstand gestellt werden, ob sie sich in der Vergangenheit oder der letzten Zeit annähernd erfüllt haben, sodass sich die Hoffnung lohnen kann. Es geht immer darum zu schauen, ob das Hoffen einen Sinn macht und seinen Verstand dabei zu gebrauchen.

Selbsttest: Wie hoffnungsvoll bin ich?

Vergeben Sie bei den folgenden Aussagen 0, 1 oder 2 Punkte:
0 Punkte = Trifft nicht zu
1 Punkt = Trifft manchmal zu
2 Punkte = Trifft meistens zu

- Auch in ungewissen oder schwierigen Zeiten erwarte ich, dass die Dinge am Ende des Tages gut für mich ausgehen.
- Ich gehe mit einer gewissen Gelassenheit durch mein (Arbeits-)Leben.
- Wenn etwas schiefgelaufen ist, kann ich es wieder korrigieren.
- Ich freue mich auf meine Zukunft.
- Ich fühle mich in meinem (Arbeits-)Leben wohl.
- Die Dinge entwickeln sich weitgehend nach meinen Vorstellungen.
- Wenn ich an einer »Kreuzung« falsch abgebogen bin, nehme ich einen anderen Weg, der mir besser erscheint.
- Ich lasse mich nicht so leicht aus meiner Mitte bringen.
- Das Leben ist für mich.
- Ich erwarte, dass mir mehr gute Dinge als schlechte passieren.

Auswertung: Anhand der vergebenen Punkte 0 bis maximal 20 können Sie den Grad Ihrer Hoffnung einschätzen; ob gering, mittel oder hoch.

Eine positive Ausrichtung sollte nicht mit positivem Denken verwechselt werden, das, wenn es unrealistisch ist bis in die Irre führt, sogar Schaden anrichten kann. Dann werden Gefahren unterschätzt und die eigenen Möglichkeiten überschätzt. Eine positive Ausrichtung ist vielmehr hilfreich, wenn die Selbsteinschätzungen positiv und realistisch sind. In schwierigen Situationen können wir mit ihr die eigene Befindlichkeit verbessern und uns vor unnötigen Selbstzweifeln oder gar einer Depression schützen. Die positive Ausrichtung verhilft zur Motivation, zum Handeln mit einer guten Vorbereitung und effektiven Durchführung. Und letzten Endes helfen mit ihr die Hoffnung, Zuversicht und der Humor, um zeitweise Belastungen leichter zu ertragen und durchzustehen.

5. Das Mindmap der Selbstachtung

Die Selbstachtung wird im Beruf und Privatleben gesteigert, wenn wir unsere Kreativität, Innovationsfähigkeit, Agilität und die Bereitschaft zum lebenslangen Lernen nutzen, sodass wir uns flexibel nicht nur an Veränderungen und Entwicklungen anpassen, sondern diese maßgeblich mitgestalten können. Der Schriftsteller André Gide war der Meinung, dass wir keine neuen Erdteile entdecken, wenn wir nicht den Mut aufbringen, alte Küsten aus den Augen zu verlieren. Selbstachtung gewinnen wir, wenn wir uns immer wieder aus der persönlichen Komfortzone offen hinaus in die Lernzone wagen und damit ermöglichen, dass wir neue Erfahrungen machen. Bleiben wir in unserer Komfortzone, ist es nicht etwa so, dass wir uns darin auf ewig ausruhen können und alles bleibt beim Alten. Genau genommen wird sie kleiner, wenn wir uns nicht immer wieder erweitern.

Beispiel

Claudia hat eine neue Chefin bekommen, die ganz andere Anforderungen als ihre Vorgängerin stellt und auf andere Dinge wert legt. Claudias bisherige Verhaltensweisen führen nicht mehr wie früher zum Erfolg, sie müsste sich anpassen oder so erweitern, dass sie wieder eigenen Gestaltungswillen in der Tätigkeit zeigt. Das tut sie aber nicht, sondern leidet still vor sich hin. Sie fühlt sich erfolglos und ihre Selbstachtung sinkt. Sie traut sich immer weniger zu, ihr Handlungsrahmen wird immer enger, weil ihre Chefin sie nicht als kompetent genug ansieht, eigene Entscheidungen zu treffen.

Wollen wir auch bei Veränderungen unsere Selbstachtung stärken und nicht dabei zusehen, wie sie immer kleiner wird, müssen wir die Komfortzone immer mal wieder verlassen und in die Lernzone hinübergehen. Wir dehnen uns aus und erweitern unseren Handlungsspielraum und unsere Chancen. Katrin Busch-Holfelder unterscheidet bei der eigenen Haltung und Denkweise zwischen einem starren und flexiblen Mindset. Demnach denken wir starr, wenn wir unsere Fähigkeiten und Intelligenz als vorgegeben und unveränderbar ansehen. Wir suchen nicht aktiv nach besonderen Herausforderungen und setzen Fehler gleich mit einem Mangel an Kompetenz. Wir sehen andere Menschen als Richter und suchen unsererseits Schuldige. Verfügen wir über ein flexibles Mindset, halten wir unsere Fähigkeiten und Intelligenz für entwickelbar. Wir suchen aktiv nach Herausforderungen und wollen lernen, um zu verstehen. Fehler werden als Entwicklungsmöglichkeiten betrachtet. Andere Menschen sind Unterstützer und die eigene Selbsteinschätzung realistisch. Mit einer solchen Haltung sind wir offen für das Lernen und für Veränderungen (vgl. Busch-Holfelder 2020, 18).

Tipp

Um Ihre Komfortzone bewusst zu verlassen, stellen Sie sich einer Mutprobe. Ob Sie sich in einer Runde zu Wort melden, wo Sie es sonst nie tun, oder ein Wagnis eingehen, wie in die offene See zu schwimmen oder alleine nachts spazieren zu gehen, oder endlich die Person anzusprechen, für die Sie sich schon länger interessieren, bleibt Ihnen überlassen. Entscheiden Sie, was ein mutiger und motivierender Schritt aus Ihrer Komfortzone sein könnte. Warten Sie nach der Entscheidung für diesen Schritt aber nicht zu lange, sondern setzen ihn zwischen ein bis drei Tagen um. Nur mit der realen Tat erweitern Sie Ihre Chancen. (Buchtipp für »schwimmende« Mutproben: Jessica J. Lee »Mein Jahr im Wasser. Tagebuch einer Schwimmerin«. Piper Verlag)

Lernbiografie gestalten

Wie sehen Ihre bisherigen Lernerfahrungen aus? Welche schulischen, universitären und beruflichen Fähigkeiten haben Sie sich angeeignet, und was hat Sie dabei motiviert? Sie werden auf Lernerfahrungen zurückblicken, die Ihnen unterschiedlich schwer oder leicht gefallen sind, was Aufschluss über Ihre persönlichen Neigungen und Talente gibt. Gab es bestimmte Personen oder Vorbilder, die Sie bei Ihren Lernerfahrungen motivierten oder unterstützten? Je bunter die Lernbiografie, umso zukunftsfähiger sind wir heute. Früher war der Weg weitgehend vorgezeichnet, und heute sind mehrere Wechsel innerhalb der Berufsbiografie normal. Nicht immer aufgrund äußerer Umstände wie einer Kündigung, sondern immer häufiger aufgrund der eigenen Entscheidung, sich verändern und damit auch entwickeln zu wollen.

Übung: Lernen und Selbstwirksamkeit

Beantworten Sie die folgenden Impulsfragen möglichst schriftlich (Ihre Antworten können sich sowohl auf den beruflichen als auch privaten Kontext beziehen):

- Wie lerne ich gerne?
- Was will oder sollte ich in nächster oder fernerer Zukunft noch lernen?
- Was würde meine Handlungskompetenzen erweitern?
- Wo sehe ich für mich Potenzial?
- Was wird mir in der Zukunft durch Lernen möglich sein?
- Worauf habe ich richtig Lust?
- Was erfüllt mich mit Freude und Sinn?

- Welche konkreten Ziele und Schritte kann ich entwickeln und in welchem Zeitraum umsetzen?
- Was brauche ich dazu?
- Was wäre ein erster konkreter Schritt, den ich binnen der nächsten ein bis drei Tage umsetzen werde?

In der Auseinandersetzung mit der eigenen Lernbiografie begegnen Sie auch den Leidenschaften Ihrer Kindheit und Jugend. Picasso soll gesagt haben, dass jedes Kind ein Künstler ist. Immerhin haben wir in unseren frühen Jahren oftmals mehr Lust und Neugierde, um die ein oder andere Verrücktheit einfach auszuprobieren, die wir uns in späteren Jahren lieber vorenthalten. Wir versuchen gar nicht mehr, uns einen Stern vom Himmel zu pflücken und etwas vermeintlich Unmögliches auszuprobieren. Dabei zeigen manche Geschichten persönlicher Erfahrungen, dass immer wieder Wunder geschehen. So fand die Sachbearbeiterin Marianne einige Kilometer abwärts einen Ring ihrer geliebten Schwester im Meer wieder, den sie beim Schwimmen an einer ganz anderen Stelle verloren hatte, und war überglücklich! Der Psychologe Erwin erreichte mit konsequentem Muskeltraining, das er sich selbst auferlegt hatte, die Wiederherstellung seines halbseitig gelähmten Gesichts, obwohl die Ärzte ihm wenig Hoffnung machten. Die engagierte Fallschirmspringerin Anna wusste nicht, dass sie schwanger ist, weil die Ärzte das medizinisch ausgeschlossen hatten. Sie sprang mehrere Monate der Schwangerschaft mit dem Fallschirm, und das Kind kam trotzdem gesund zur Welt, obwohl jeder Sprung mit starken Erschütterungen einhergeht.

Tipp

- Gab es kleine oder größere Wunder in Ihrer Biografie?
- Was haben Sie als Kind am liebsten gespielt, und finden sich diese Interessen in Ihrem Beruf oder Ihren Hobbys wieder?
- Welche verrückten Ideen haben Sie in Ihrer Kindheit und Jugend begeistert?
- Wann schlug Ihr Herz früher höher, und was versetzt es heute in Luftsprünge? (vgl. Mannhard 2021)

Übung: Mein neuer Rucksack

Sich die eigene Kreativität zu nutzen zu machen und bei einem Problem oder einer Herausforderung einen Perspektivenwechsel einzunehmen, der neue Sichtweisen ermöglichen kann, funktioniert gut mit der Osborn-Methode, bei der Sie einen neuen Rucksack entwickeln sollen. Sie stellen sich kreative Fragen, wie zum Beispiel: Wie kann ich den Rucksack anderweitig als bisher verwenden? Kann ich ihn anpassen, verändern, vergrößern, verkleinern? Kann ich ihn umordnen, ersetzen, umkehren oder mit etwas anderem kombinieren? Mit dieser Methode werden Sie einige neue Ideen produzieren (vgl. Busch-Holfelder 2020, 131–132).

Im Kontext Ihrer Selbstachtung dürfte Ihr Erleben stehen: Wann bin ich authentisch und wann nicht? Wer sich immer wieder verstellt oder verbiegt, dessen Selbstachtung leidet nach einer gewissen Zeit. Das stete Zurücknehmen der eigenen Persönlichkeit und dem, was einen ausmacht und wozu man stehen will, ist anstrengend und unerfreulich. Gewisse Anpassungen – vor allem im Beruf, aber manchmal auch im Privatleben – sind zeitweise oder dauerhaft erforderlich und auch möglich, ohne dass wir an Selbstachtung verlieren. Wir müssen immer mal Dinge in Kauf nehmen, die uns nicht ganz gefallen oder einen Konflikt durchstehen, ohne gleich alles hinzuwerfen und uns damit Nachteile zu verschaffen. Dabei verbiegen wir uns aber nicht, wenn wir ein flexibles Mindset besitzen und uns selbst reflektieren. Wir stellen uns auf neue oder veränderte Situationen ein, passen uns ein Stück weit an und finden ganz bewusst zu einer eigenen Einstellung und einem persönlichen Verhalten zu den Dingen. Wir richten uns trotz äußerer anderer Umstände oder Erwartungen an unseren eigenen Werten aus, wir konzentrieren uns auf Dinge, die wir als sinnvoll und nicht sinnlos empfinden, und wir meiden Menschen so gut wie möglich oder reduzieren den Kontakt, wenn sie uns nicht guttun. Damit stärken und bewahren wir unsere Selbstachtung.

6. Die 7-Wochen-Kur für mehr Selbstrespekt

Woche 1: Selbstannahme

Selbstrespekt setzt die Selbstannahme voraus, mit der Sie im Einklang mit sich sind. Mit dieser Haltung erleben Sie spürbar innere Entspannung. Anderenfalls können Sie sich mangelhaft oder sogar falsch fühlen, womit Sie auf einen engen Blickwinkel konzentriert sind, der die Seele klein macht. »Wir können dieses Phänomen sehr leicht beobachten, wenn wir in ein Beziehungsfeld kommen, in dem wir uns abgelehnt fühlen. Das Grundgefühl des Egos wird in so einem Umfeld von Ablehnung bestätigt und sofort wird unsere Seele sich verkrampfen und kontrahieren. Umgekehrt wird sich unsere Seele entspannen, wenn wir in ein Umfeld kommen, in dem wir uns wirklich angenommen fühlen« (Stiegler 2017, 95). Ständig werden Sie kaum im Zustand der Selbstannahme sein, denn mal sind Sie zufriedener mit sich, mal unzufriedener oder enttäuscht von sich selbst. Unabhängig dieser Schwankungen gibt es jedoch ein positives und stabiles Gefühl zu sich selbst, wenn wir weitgehend im Zustand der Selbstannahme sind. Wer diese grundsätzliche Stimmung unabhängig äußerer Umstände, anderer Menschen und der eigenen Leistung in sich entwickeln und bewahren kann, wird sich im positiven Sinne auch selbst respektieren. Sie werden sich wehren, wenn andere gegen dieses Selbstverständnis verstoßen und respektlos mit Ihnen umgehen.

Wochenübung

»Reflektiere:
Wie ist dein Grundgefühl von Entspannung und Ausdehnung im Leben? Wie korreliert dieses Grundgefühl mit deiner Selbstannahme? Erinnere dich an einen Augenblick deines Lebens, an dem du tiefe Annahme gespürt hast und erforsche, wie das innere Erleben dabei war« (Stiegler 2017, 97).

Woche 2: Erkennen von Möglichkeiten

»Der Zukunft in die Arme fallen«, will Karl Weber in einem Gedicht (Breit-Keßler 2019, 15). Mit welcher Haltung gehen Sie an Fragen und Freuden Ihres (Arbeits-)Lebens heran? Packen Sie Ihre Aufgaben mit Zuversicht und Tatkraft an, und verfügen Sie dabei über Selbstrespekt, auch wenn einmal etwas schiefgeht?

Wochenübung

Schreiben Sie in die Mitte auf ein großes Stück Papier in ein Feld das Wort »Selbstrespekt«. Im Laufe der Woche schreiben Sie in weiteren Feldern und mit Verbindungslinien das ganze Blatt voll, indem Sie frei assoziieren, was Ihnen zu diesem Begriff im Kontext Ihrer Möglichkeiten im (Arbeits-)Leben einfällt. Am Ende der Woche betrachten Sie Ihre Skizze. Fragen Sie sich, wer innere Helfer beim Erkennen und Erobern von Möglichkeiten sein könnten. Geben Sie diesen inneren Stimmen und Bildern Raum, indem Sie eine Geschichte dazu schreiben. Was sagt diese aus?

Woche 3: Bewusstheit

Das Gegenteil von Selbstrespekt sind Mangelempfinden und Minderwertigkeit. Die bewusste Gedanken- und Seelenpflege verhilft Ihnen zu einem (Arbeits-)Leben mit Selbstrespekt. Mit Selbstrespekt entdecken Sie verborgene Potenziale und Ihr authentisches Selbst. Wenn Sie ein klares Bild davon haben, wer und wie Sie sind, fördern Sie den Selbstrespekt.

Die Vorteile von Bewusstheit:

- Sie kommen Ihrem Selbst immer näher.
- Sie geben Ihrem Leben Sinn.
- Sie nutzen Wachstumschancen.
- Sie empfinden Lebensfreude und Zufriedenheit.
- Sie vertrauen darauf, dass Sie Ihr Leben meistern.
- Sie akzeptieren, was Sie nicht ändern können, und machen das Beste draus.

Wochenübung

Hilfreich für die Förderung der Bewusstheit und des Selbstrespekts sind mentale Techniken, von denen hier drei Beispiele aufgeführt werden, die Sie am besten aufeinander aufbauend praktizieren. Vielleicht möchten Sie aber auch mit einer einzelnen Technik, die Ihnen gut liegt, bevorzugt üben.

1. Meditation

Sitzen oder liegen Sie entspannt an einem Ort Ihrer Wahl und schließen die Augen. Konzentrieren Sie sich auf Ihre Atmung und Ihren Körper. Seien Sie nach innen gerichtet und aufmerksam für das, was in Ihnen geschieht. Nehmen Sie Kontakt mit sich auf und seien Sie mit Ihrem Inneren in Verbindung. Wenn Sie mögen, sprechen Sie innerlich oder auch laut Worte, die Sie mit dem Selbstrespekt in eine positive Verbindung bringen.

2. Kontemplation

Wie bei der Meditation fokussieren Sie sich auf Ihr Inneres und nehmen jetzt gezielt mit einem der Begriffe eine Verbindung auf – es kann auch einfach der Begriff »Selbstrespekt« sein. Lassen Sie alle Gedanken und Gefühle zu diesem Begriff ohne Bewertung zu und beobachten Sie, was in Ihnen geschieht.

3. Aktive Imagination (nach C.G. Jung)

Im Kontext des Selbstrespekts rufen Sie sich ein Bild innerlich auf, ohne sich dabei anzustrengen. Schauen Sie einfach hin, was in Ihnen entsteht und wie sich das Bild entwickelt. Jede gezielte Beobachtung bringt eine Wandlung mit sich, die Sie geduldig abwarten. Treten Sie innerlich in dieses Bild hinein. Vielleicht nehmen Sie noch andere Personen mit? Möglicherweise entsteht ein Gespräch, bei dem Sie genau zuhören sollten, was die andere Person und Sie zu sagen haben.

Woche 4: Meiner Bestimmung folgen

Sie gehen die Aufgaben und Ziele in Ihrem (Arbeits-)Leben einfacher und erfolgreicher an, wenn diese mit Ihnen in einer inneren Übereinstimmung sind. Automatisch verfolgen Sie den Weg konsequenter und leichter, wenn er mit Ihrem eigenen gut zusammenpasst. Was ist Ihre Berufung? Haben Sie diese gefunden und leben nach ihr, pflegen Sie Selbstrespekt.

Wochenübung

1. Tag: Verbringen Sie heute viel Zeit in der Natur.

2. Tag: Sprechen Sie heute ausschließlich positiv über sich und andere.

3. Tag: Entdecken Sie heute etwas Neues.

4. Tag: Greifen Sie heute ein Hobby oder eine Lieblingsbeschäftigung aus Ihrer Kindheit auf.

5. Tag: Träumen Sie heute am Tag.

6. Tag: Machen Sie heute etwas, das Sie schon immer mal machen wollten.

7. Tag: Fahren oder gehen Sie heute an einen Ort, der Ihnen Kraft spendet.

Woche 5: Den Mutmuskel trainieren

Sind Sie mutig? Mut heißt nicht, keine Angst zu haben oder unsinnige Risiken einzugehen. »Mut ist keine Empfindung, sondern die Entscheidung, das Richtige zu tun, auch wenn man dadurch Nachteile in Kauf nehmen muss. Mutige Menschen tun das Richtige einfach, weil es richtig ist« (Ahlbrecht 2020, 122). Sie verfügen über Selbstrespekt, wenn Sie das Richtige tun. »Wenn wir uns nach einem mutigen Charakter sehnen, dann müssen wir verstehen, dass der Mut nicht aus dem Moment heraus in den Kämpfen gegen den Riesen entwickelt wird, sondern in den kleinen Kämpfen des Alltags. Wenn wir uns angewöh-nen, das Richtige zu tun, auch in den Kleinigkeiten, dann bauen wir den notwendigen Mut auf, um in den großen Dingen treu zu sein. Wir brauchen Entschlossenheit für diese Kämpfe, die wir nur im Alltag durch Übung erwerben können« (Ahlbrecht 2020, 124).

Wochenübung

Gibt es in Ihrem Job oder privat einen Menschen, der Ihnen schadet, sollten Sie reflek-tieren, weshalb Sie hier noch Toleranz und Akzeptanz aufweisen und Ihren Selbstres-pekt schmälern. Es lohnt sich, einmal die Kosten-Nutzen-Rechnung aufzumachen, wie viel Zeit und Kraft es Sie kostet, den Kontakt zu dieser Person aufrechtzuerhalten und was es Ihnen an Positivem einbringt. Was ist es, was Sie von diesem Menschen erwar-ten, und sehen Sie realistische Chancen, dass er das erfüllen will oder kann? Haben Sie ihm Ihre Wünsche klar und deutlich mitgeteilt? Wenn Sie trotzdem nicht weiterkom-men: Trennen Sie sich konsequent von diesem Menschen.

Woche 6: Stärkenprotokoll führen

Die Stärken stärken und damit die Schwächen schwächen, führt zum Selbstrespekt. Weshalb sich mit den Schwächen abmühen, wenn Sie diese durch Ihre Stärken ausgleichen können? Wenn Sie sich auf die Schwächen konzentrieren, regen Sie sich über Kleinigkeiten auf und verlieren den Blick auf das Ganze. Sie sehen nicht, was Sie durch Ihre Stärken bewirken können. Mit Blick auf die eigenen Ressourcen packen Sie bedeutende Ziele an und geben Ihr Bestes.

Wochenübung

Führen Sie ein Protokoll und setzen sich mit den folgenden Bereichen auseinander:

1. Meine Überzeugungen
    - Das glaube ich in Bezug auf meine Fähigkeiten:
    - Diese guten Eigenschaften sind typisch für mich:
    - Das kann ich gut, das mache ich gerne, das mag ich an mir:

2. Meine Kenntnisse – mein Können
    - Hier erlebe ich mich als kompetent und selbstbewusst:
    - In meiner Arbeit kann ich diese Stärken besonders gut einsetzen:
    - Diese persönliche Leidenschaft bringe ich ein:

3. Selbst – und Fremdbild
    - Das finden mindestens zwei Menschen an mir stark:
    - Hier werde ich öfter um Rat gefragt:
    - Dieses Kompliment höre ich öfter:

4. Krisen meistern
- Diese schwierige Situation habe ich erfolgreich bewältigt:
- Wenn ich von vorneherein so an Probleme herangehe und meine Stärken nutze, heißt das für mich:

5. Meine Wünsche
- Das sind meine größten Wünsche für mein (Arbeits-)Leben:
- In 5–10 Jahren will ich hier stehen:
- Das sind erforderliche Veränderungen, die ich dafür vornehmen will:

Woche 7: Selbstrespekt – Quellen

Mit Selbstrespekt finden Sie Heimat in sich und sind geborgen im Selbst. Sich in der eigenen Haut wohlfühlen und gleichzeitig in der Welt aufgehoben sein, das gelingt mit Selbstachtung und Selbstrespekt. Dabei gibt es vor allem drei wichtige Quellen, die eine innere und äußere Ausgewogenheit möglich machen:

- Die Steuerung Ihrer Gefühle ermöglicht, dass Sie auch in stürmischen Zeiten immer wieder in Ihre Mitte kommen.
- Positive (Arbeits-)Beziehungen unterstützen Sie.
- Ihre Selbstliebe kultiviert Ihren Selbstrespekt und trägt Sie.

Wochenübung

Schreiben Sie einen Brief an jemanden, der Ihnen wichtig ist – Sie selbst! Bringen Sie dabei mindestens eine Sache zum Ausdruck, die Sie sehr an sich schätzen. Würdigen Sie mit entsprechenden Worten, was Sie ausmacht und auszeichnet. Machen Sie sich bewusst, dass Ihre Lebenszeit begrenzt ist. Nutzen Sie sie!

Literatur

Ahlbrecht, J. (2020) Fitness für die Seele. Holzgerlingen: SCM R. Brockhaus. *Der Abdruck der in diesem Buch verwendeten Zitate wurde vom Verlag genehmigt.*

André, C. & Lelord, F. (2018) Die Kunst der Selbstachtung. Berlin: Aufbau Verlag.

André, C. (2010) Die Launen der Seele. Berlin: Aufbau Verlag.

Breit-Keßler, S. (2019) Zuversicht! Leipzig: edition chrismon.

Busch-Holfelder, K. (2020) Zukunftsfähig im Job. Offenbach: Gabal.

De Saint-Exupéry, A. (2020) Der kleine Prinz. Husum/Nordsee: Hamburger Lesehefte Verlag.

Ley, K. (2008) Komm zu dir, dann kommst du weiter. Freiburg: Herder.

Mannhard, A. (2021) Biografiearbeit. Die innere Schatzsuche. München: Scorpio.

Pépin, C. (2019) Sich selbst vertrauen. Kleine Philosophie der Zuversicht. Aus dem Französischen von Caroline Gutberlet. München: Hanser.
Der Abdruck der in diesem Buch verwendeten Zitate wurde vom Verlag genehmigt.

Stiegler, R. (2017) Im Einklang leben. Freiburg: Arbor.
Der Abdruck der in diesem Buch verwendeten Zitate wurde vom Verlag genehmigt.

Anja Mannhard,

Autorin, Malerin und Illustratorin. Sie widmet sich in zahlreichen Publikationen neben Fachthemen aus den Bereichen Psychologie, Pädagogik und Logopädie der Persönlichkeitsentwicklung.

Dabei interessiert sie ein Leben in bestmöglicher persönlicher Freiheit und Übereinstimmung mit sich selbst. Den Zugang gestaltet sie durch ihr Buch zur Biografiearbeit (Scorpio 2021) und die Auseinandersetzung in diesem Buch zum Selbstrespekt.

Anja Mannhard hat sich mit dem Leben am Bodensee einen Traum für ihre künstlerische Ader erfüllt.